Helmut Trunz

Flughafen Frankfurt

Helmut Trunz

Flughafen Frankfurt

Motorbuch Verlag

Einbandgestaltung: Medienfabrik Stuttgart unter Verwendung einer Vorlage aus dem Archiv des Verfassers.

Bildnachweis:
EADS Corporate Heritage, München
Airbus Industries Toulouse/Hamburg
Archiv Berliner Geschichte, I.P. Ziegelmann
The Boeing Company, Everett
Bildarchiv Berliner Flughäfen, Schönefeld
Deutsche Lufthansa AG
Air France Bildarchiv
Bildredaktion u. Dokumentation, Frankfurt
ILA Berlin
Bildarchiv Fraport AG
Bildarchiv Flughafen Hahn/Hunsrück
Luftfahrthistorische Sammlung, Frankfurt
DFS Deutsche Flugsicherung Bildarchiv
Bildarchiv Starwood-Hotels Inc.
ThyssenKrupp Bildarchiv

ISBN 978-3-613-02977-4

1. Auflage 2008

Sie finden uns im Internet unter: www.motorbuch-verlag.de

Innengestaltung: Jürgen Knopf
Satz: Medien und Printprodukte, 74321 Bietigheim-Bissingen
Druck und Bindung: Koko Produktionsservice, 70900 Ostrava
Printed in Czech Republic

Frankfurt Main

Garuda Indonesia

82
82

Inhalt

Vorwort 8

Anfänge und Geschichte 1909–1945 12
In Deutschland boomt der Luftverkehr 19
Ob Dornier, Fokker, Heinkel, Junkers oder Messerschmitt – alles fliegt auf Frankfurt 20
Die Zeppelin-Ära auf Rhein-Main 22
Frankfurt wird »Einsatzhafen« 28
Auf dem Flughafen gingen die Lichter aus 34

Start zu neuen Ufern 36
1948 »The Berlin airlift« oder: 60 Jahre Berliner Luftbrücke 37
Die Bundesrepublik wird nach und nach – bedingt – »souverän« 44
Fliegende Holländer und andere Nachbarn 46
Ein Flughafenmodell macht Furore 50
Prof. Dr. Hans-Joachim Pabst von Ohain 55
Höher, schneller, weiter – eine neue Ära der Luftfahrt 56
Drehscheibe des Interkontinental-Verkehrs 58

Heimathafen der Lufthansa 62
September 1961 – der Nachtstern geht auf 64
Terminal 1 erblickt das Licht der Welt – in Frankfurt entsteht ein Gigant 68
Das Terminal Mitte 76
Tendenz uneinheitlich bis ablehnend meinte die Fachwelt 77
Die »Jumbos« sind da 79

Ein Konflikt eskaliert – das Drama Startbahn West 88
Damit der Knoten endlich platzt 94

Wer A, B und C sagt muss auch D und E sagen 102
1994 – Terminal 2 wird eröffnet 103

Apfelwein und Wolkenkratzer – Frankfurt und sein Flughafen 108
Deutschlands Touristenattraktion Nr. 2 – der »Affenfelsen« 112
»You can ring my bell« – das legendäre Dorian Gray 117
Multiport Rhein Main 120
Wie kommt der Flieger sicher nach Frankfurt? 123

Big business Cargo 128
Führend bei der Luftfracht 130
Rangliste weltweit 130

Der Börsengang: Aus FAG wird Fraport AG 138
Kommen, sehen, staunen – der Frankfurter Flughafen heute 139
Flughafen-Rangliste 141
Internationale Airlines in Frankfurt 142
Der neue C/D-Riegel – bereit für den Airbus A380 ...146

»Safety first!« 150
Deutschlands »heißeste« Feuerwehr 152
Mehr Sicherheit beim Einsteigen 154
Polizei 155
Das Hauptzollamt 155
Frankfurter Airportcenter 155
Die Flughafenhotels 158

Die Rhein Main Airbase: Unter Ausschluss der Öffentlichkeit 160
Ramstein statt Rhein Main – die Amerikaner ziehen ab 164
Frankfurt Hahn im Hunsrück. Die Tochter mit den vier Millionen 166

Shop around the clock 172
Das AirRail-Center 175

Der mächtige Nachbar: Willkommen bei Kranichs 178
Fünf Sterne für die Star Alliance 182
Wenn Piloten simulieren 186

Zukunftsmusik – der Generalausbauplan bis 2015 192
Das größte Flugzeug der Welt braucht eine Riesenwerft 192
Im Süden was Neues – das Terminal 3 193
Sieben Milliarden Euro für den Ausbau 196
Das Nachtflugverbot 197
Eine neue Landebahn in Sicht! 198
Fraport kauft ein Chemiewerk – 670 Millionen Euro für Celanese-Ticona 201
Vision oder Alptraum – ein Ausblick in das Jahr 2020 202

Anhang 203
Chronik des Frankfurter Flughafens 203
Quellen/Literatur 206

Vorwort

Der Frankfurter Flughafen, auch Flughafen Rhein-Main, VAG oder FAG, heute FRAPORT AG, blickt zurück auf eine der längsten Karrieren im deutschen Luftverkehr. Schon am 2. Juli 1924 begann in Frankfurt auf einem der ältesten Flughäfen des Landes der planmäßige Luftverkehr. Wieder ist der Flugpionier und weltbekannte Unternehmer Prof. Hugo Junkers aus Dessau einer der treibenden Kräfte.

Aus dem Hofgut Rebstock entwickelte sich nach der »Internationalen Luftschifffahrt Ausstellung« (ILA) 1909 der erste reguläre Flughafen der Stadt. Auch der »jecke Graf vom Bodensee«, Ferdinand Graf Zeppelin, spielte beim Aufstieg des Luftverkehrs in Frankfurt eine Hauptrolle. Seine »fliegenden Zigarren« sind gerade in Frankfurt unvergessen. Am 2. Juli 1924 gründete ein Konsortium mit Beteiligung der Stadt Frankfurt die »Südwestdeutsche Luftverkehrs A.-G.«, die nun die Geschicke des Frankfurter Flughafens mit einem Startkapital von 400.000 Reichsmark in die Hand nahm. 1936 fand der Umzug an den heutigen Standort im damaligen Frankfurter Stadtwald am Schnittpunkt der Nord-Süd- und Ost-West-Autobahnen im Südwesten Frankfurts statt. Zwei Jahre hatte man an diesem neuen »Flug- und Luftschiffhafen Rhein-Main« gebaut. Im Laufe der Jahrzehnte und verstärkt nach dem 2. Weltkrieg, der den einst wichtigsten deutschen »Zentralflughafen Berlin Tempelhof« in die Isolation führte, begann in der amerikanischen Besatzungszone eine Erfolgsgeschichte, die europaweit ihresgleichen sucht.

Die Nachkriegssituation bescherte dem Frankfurter Flughafen einen zentralen Standortvorteil, den er zu nutzen wusste. Sehr schnell entwickelte sich Frankfurt zum wichtigsten Airport Deutschlands und zu einem der weltweit wichtigsten Luftfahrt-Drehkreuze im internationalen Verkehr. Diese Rolle spielt Frankfurt für den innerdeutschen, europäischen und interkontinentalen Flugverkehr unangefochten bis heute. Und das Wachstum im weltweiten Luftverkehr hält stetig an und setzt sich fort. Der boomende Frankfurter Flughafen löst aber auch Bedenken, Opposition und Widerstand aus. Die regionalen Auseinandersetzungen um den weiteren Weg »ihres Flughafens« erreichten mit dem Bau der Startbahn West einen brutalen Höhepunkt, der das Land und das politische System erschütterte. Um neue katastrophale Konflikte zu vermeiden, setzen das Bundesland Hessen und die Geschäftsführung des Flughafens nach dem Erschrecken über eine Welle von Gewalt nun auf Konsens. Nur gemeinsam ist der Weg zum Ausbau und zur Modernisierung für die Anforderungen des 21. Jahrhunderts zu beschreiten, Stimmungen und Befürchtungen der Menschen dürfen nicht ignoriert werden, auf Ängste und Bedenken ist Rücksicht zu nehmen.

Die Planungen für die weitere Entwicklung sind weitgreifend bis gigantisch – im Blickfeld liegen jährliche Fluggastzahlen von bis zu 90 Millionen bis etwa 2020. Folgen Sie uns auf einem Gang durch Geschichte, Gegenwart und zu einem Ausblick auf die Zukunft an einem der aufregendsten Plätze Deutschlands, an dem die Lichter niemals ausgehen, der niemals schläft. Was hier geschah und geschieht ist ohne Parallele im europäischen Umfeld. Spannung pur mit hautnahen und atemberaubenden Bildern modernster Luftfahrttechnik. Wegweisende zeitgenössische Architektur und ein faszinierend internationales und exotisches Flair kennzeichnen den kontroversen und doch einmaligen Frankfurter Flughafen, nach Neuschwanstein die Touristenattraktion Nr. 2 in Deutschland. Moloch oder Mythos? Bilden Sie sich ein eigenes Urteil.

AIR FRANCE

DELTA

AEROLINEAS ARGENTINAS

AIR CANADA

एअर इंडिया

British Caledonian

SWISS

SAL

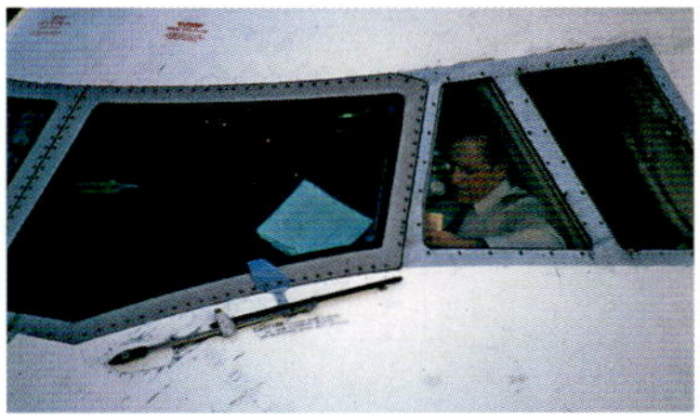

JAPAN AIR LINES

Lufthansa

LIBYAN ARAB AIRLINES

NORTHWEST ORIENT

OLYMPIC

Anfänge und Geschichte 1909–1945

1909 – die erste »Internationale Luftschifffahrt Ausstellung« (ILA) öffnete am Frankfurter Rebstockgelände ihre Pforten. Die ILA ist die älteste Luftfahrtmesse der Welt. Erstmalig zeigten Hersteller und Konstrukteure in der Festhalle und auf dem Rebstöcker Freigelände in Frankfurt 1909 einem neugierigen Publikum ihre neuartigen Errungenschaften. Die ILA hat seitdem fast ein Jahrhundert überdauert und findet ab der Wende im Zwei-Jahres-Turnus auf dem Gelände des Flughafens Schönefeld, Standort des geplanten Flughafens Berlin Brandenburg International, statt. Nach 1909 blieb das Areal des ehemaligen Hofgutes Rebstock (im Jahr 1300 erstmals urkundlich als Sitz einer Frankfurter Patrizierfamilie erwähnt) der Luftfahrt erhalten.

1910 war das Gründungsjahr der DELAG, der »Deutsche Luftschiffahrts-Aktiengesellschaft«, die in Frankfurt als erste Luftverkehrsgesellschaft der Welt entstand und Zeppeline betrieb. Sie baute eine Luftschiffhalle auf dem Rebstock-Gelände und feierte im Jahr 1912

Großflugtag am Flughafen Rebstock zu Beginn der Dreißiger Jahre.

Fokker Grulich der Luft Hansa auf dem Flughafen Rebstock nach 1926.

die Einweihung der Werft. Schon in dieser frühen Zeit tummelten sich am Frankfurter Rebstock viele Flug-Enthusiasten, fühlten sich Flieger und Luftschiffer auf dem ehemaligen Hofgut heimisch. Hier am Rebstock entstand nun der erste Frankfurter »Flug- und Luftschiffhafen«, von dem die DELAG ihre Luftschiffe auf die Reise nach Baden-Baden schickte. Bis 1914 diente der Rebstock der DELAG als Heimatbasis. Im ersten Weltkrieg gingen die drei vorhandenen Luftschiffe an das Heer. Da schon früh an diesem ersten Standort der Flugverkehr stetig zunahm waren bald nach dem Kriege Erweiterungen notwendig. Durch Zukauf von Flächen wuchs das Gelände auf 100 Hektar, für Büro- und Abfertigungszwecke dienten die umgebauten, ursprünglich landwirtschaftlich genutzten Gutsgebäude. Am 2. Juli 1924 gründeten Frankfurter Geschäftsleute gemeinsam mit der Stadt Frankfurt und der Hugo Junkers Luftverkehrs-AG ILAG ein Konsortium, das – ausgestattet mit 400.000 Reichsmark Grundkapital – ab diesem Zeitpunkt als »Südwestdeutsche Luftverkehrs-AG« firmierte und nunmehr begann. einen planmäßigen Linienverkehr ab Frankfurt zu betreiben. Diese Gesellschaft mietete von der städtischen Flughafengesellschaft das Gelände samt Einrichtungen und übernahm den Betrieb des Flughafens.

Am 16. August 1926 konnte der damalige Frankfurter Oberbürgermeister Landmann einen erweiterten Flughafen Rebstock dem Verkehr übergeben.

Frankfurts Oberbürgermeister 1924-33 Ludwig Landmann.

Der Geburtsort der Deutschen Luft Hansa A.G. – Hotel »Kaiserhof« in Berlin.

Zu diesem Zeitpunkt lag der Frankfurter Rebstock nur auf Rang 5 der deutschen Flughäfen. Für 1926 verzeichnete die Flughafen-Chronik 3789 Starts und Landungen, 7219 Passagiere, 29 Tonnen Post und 79 Tonnen Fracht und Gepäck. Am 6. Januar 1926 fand im Berliner Hotel »Kaiserhof« die Gründungsversammlung der »Deutschen Luft Hansa A.G.« statt Seit dem 18. Januar, dem Tag der Handelsregistereintragung in Berlin, gehörte auch der Frankfurter Oberbürgermeister Ludwig Landmann dem 62 Mitglieder umfassenden Aufsichtsrat des neuen deutschen Luftfahrt-Unternehmens an.

Am 30. Januar 1933 erschütterte eine politische Zeitenwende die Weimarer Republik. die NSDAP übernahm im Reich die Macht, Weimar und die »Systemzeit« waren Vergangenheit. Am 21. Februar 1934 wurde aus der »Südwestdeutschen Luftverkehrs-AG« die »Südwestdeutsche Flugbetriebs-AG Rhein Main«. Ihr Betriebszweck lautete nunmehr: »Bau und Betrieb des Flug- und Luftschiffhafens Rhein Main«. Die DELAG ging 1935 in die »Deutsche Zeppelin Reederei« über. Schon 1930 hatten erste Planungen zum Ausbau des Flughafens an einem anderen Standort begonnen. Nun wird die Angelegenheit beschleunigt.

Der »Führer« auf dem Balkon des Frankfurter Römers. Im Hintergrund Gauleiter Sprenger.

Während Hitler selbst im Herbst 1933 den ersten Spatenstich zum Bau der Reichsautobahn in Frankfurt vornahm, gab NS Gauleiter Hessen-Nassau Josef Sprenger mit der Gründung des »Luftverkehrsverbandes Rhein-Main e.V.« den Startschuss für den Neubau am neuen Standort im ehemaligen Stadtwald im Südwesten der Stadt, am Schnittpunkt der Autobahnen Köln-Würzburg und Frankfurt-Mannheim.

Hochbetrieb am Rebstock, dem ersten Frankfurter Flughafen um 1930.

Am 2. Januar 1934 fällte der Gauleiter persönlich den ersten Baum, die Erd- und Rodungsarbeiten begannen. Nach 18 Monaten Bauzeit landete am 8. Juli 1936 eine Junkers Ju 52 der nunmehrigen »Lufthansa« – Schreibweise ab 30. Juni 1933 – vom Rebstock kommend auf dem neuen Flughafen und eröffnete damit den Flugverkehr auf Rhein-Main.
Den Schluss-Stein am Ende der Bauarbeiten 1936 hatte wiederum Gauleiter Sprenger gelegt, den Flughafen eröffnete offiziell der Staatssekretär im Reichsluftfahrtministerium und General der Flieger Erhard Milch, Generaloberst ab 1938, Generalfeldmarschall ab 1940.
Ab dem 5. April 1937 übernahm das Deutsche Reich als Hauptgesellschafter die Mehrheit an dem auf 8 Millionen Reichsmark erhöhten Kapital der »Rhein-Main-Luft-

Gauleiter Sprenger forcierte den Frankfurter Flughafen ganz nach den Wünschen seines Parteifreundes Hermann Göring. So wuchsen die Bauten heran.

Junkers Ju 52 vor dem neuen Abfertigungsgebäude des Flughafens Rhein Main. Im Hintergrund eine Heinkel He 70 »Blitz«.

Die HJ feierte mit. Hitler-Jugend am neu eröffneten Frankfurter Flughafen.

schiffhafen GmbH«, weitere Gesellschafter mit kleineren Anteilen waren das Land Hessen, der Bezirksverband Nassau, die Stadt Frankfurt und die Südwestdeutsche Flugbetriebs- AG. Die Weichen für einen rasanten Aufstieg des Flughafens waren damit gestellt. Der Flughafen Rebstock wurde schon 1936 geschlossen, heute befindet sich dort ein Erholungsgelände mit Erlebnisbad.

Hermann Göring und mit ihm die Reichsführung wollten aus den Deutschen »ein Volk von Fliegern« machen. Dementsprechend waren die Anstrengungen auf diesem Gebiet, besonders die flugbegeisterte Jugend erfuhr großzügigste Förderung. Nur wenige Monate später wird General Milch in Begleitung Görings Richtfest auf dem neuen Berliner Zentralflughafen Tempelhof feiern, ein weiterer Meilenstein für den anvisierten Aufstieg zur führenden europäischen Luftfahrt-Nation ist genommen. Zur Einweihung des neuen Frankfurter Flughafens tritt auch eine Formation der Hitler-Jugend an. Wie mit dem Bau

■ *In Anwesenheit der Honoratioren der Stadt und von Parteifreunden legt Gauleiter Sprenger persönlich den Schluss-Stein des neuen Frankfurter Flughafens.*

der Autobahnen hatten die nationalsozialistischen Machthaber mit den Flughafenbauten im Reich – München und Stuttgart bekamen ebenfalls neue Anlagen – auch in Frankfurt nicht nur die Förderung des Luftverkehrs sondern noch ein weiteres wichtiges Ziel im Auge, denn es war zugleich ein riesiges Arbeitsbeschaffungsprogramm.

Nach der Fertigstellung grüßte der neue Frankfurter Flughafen Fluggäste und Besucher mit einem Hauch von Speerscher Monumentalarchitektur, die auch im neuen Zentralflughafen Tempelhof ihre Visitenkarte hinterließ. Zum Neubau gehörte wie in Tempelhof auch in Frankfurt der obligatorische Reichsadler. Die für den Flughafenbau

■ *Terrasse des Frankfurter Flughafens um 1936. Schon damals zog die Luftfahrt viele interessierte Besucher in ihren Bann, auch die Zeichen der »Neuen Zeit« grüßten unübersehbar.*

■ *Reichsluftfahrtminister Göring am Steuer einer Ju 52.*

mit Kontrollturm, Kaffeegarten, Flugzeughallen, Wetterwarte und Flugsicherungsanlagen aufgewendeten Mittel lagen bei knapp 3 Millionen Reichsmark. Die Fliegerei genoss dank Hermann Göring in dieser Zeit höchsten Stellenwert und war dem Reich viel Geld wert.

In Deutschland boomt der Luftverkehr

War man schon vom Rebstock aus nach London, Paris, Lyon, Marseille, Brüssel, Basel und Wien geflogen so erweiterte sich mit dem neuen Flughafen das Streckennetz ab Frankfurt erheblich. Neue Ziele, »Destinationen«, kamen hinzu – »Bitte Einsteigen nach Berlin, München, Prag oder Moskau, Genf, Stockholm und Kopenhagen« war jetzt möglich – wenn auch nicht alle Ziele im Direktflug zu erreichen waren. Bis 1939 hatte sich Frankfurt auf den 2. Rang unter den deutschen Flughäfen direkt hinter Tempelhof vorgeschoben. Seit 1935 verfügte Deutschland wieder ganz offiziell über eine neue Luftwaffe, Herr über alles was fleuchte war der Reichsmarschall Hermann Göring in seinem Berliner Reichsluftfahrtministerium (RLM) in der Wilhelmstraße.

Ob Dornier, Fokker, Heinkel, Junkers oder Messerschmitt – alles fliegt auf Frankfurt

Frankfurt gab sich schon früh international – das galt nicht nur für die Flugziele, sondern auch für die Gesellschaften, die das neue Luftkreuz in Hessen anflogen. Die einfliegenden Maschinen kamen aus Italien, aus Holland, aus Frankreich, aus Belgien, aus der Schweiz.

Im Jahre 1936 verzeichnete der Frankfurter Flughafen 5270 Starts, über 58000 Fluggäste und mehr als 801 t Fracht und Gepäck, Dazu kamen weitere 796 t Post (ohne Luftschiffverkehr). Bei den Verbindungen lag aber noch immer Tempelhof vorn, Frankfurt folgte schon 1937 dichtauf und war Brückenkopf für die Luftpostdienste der Lufthansa nach Nord- und Südamerika. In diesem Jahr zählte der Flughafen bereits 70.910 Fluggäste, ein rapides Wachstum. *Am Rande: Zur angestrebten Vereinbarung der Lufthansa über den Luftpostverkehr in die USA kam es nicht. Die angebotene Gegenseitigkeit konnte seitens der USA nicht genutzt werden, die Konzession wurde daher verweigert.*

Das Frankfurter Streckennetz dieser Zeit umfasste 22 Linien, die meisten Länder Europas waren direkt zu erreichen. Nach Spanien, in den Balkan, in die Ostseeländer und nach weiteren Metropolen in Skandinavien existierten Umsteigeverbindungen. Der Frankfurter Flughafen wurde auch bereits im Express-Flugplan der Lufthansa

Potez 62 der Air France »Cigogne«.

Mit dem Heinkel »Blitz«, der schnellen He 70, eröffnete die Lufthansa den Express-Verkehr auf der Strecke Frankfurt–Berlin–Frankfurt.

Expressflugzeug Junkers Ju 160 der Lufthansa.

Da staunten die Wassersportler nicht schlecht: So einen Vogel hatten sie auf dem Main noch nicht gesichtet. Die Do X, größtes Wasserflugzeug ihrer Zeit, bevorzugte auch in Frankfurt das nasse Element.

geführt, auf ausgewählten Schnellstrecken wie z.B. Berlin-Frankfurt-Berlin verkehrten ab dem 15. Juni 1934 der Heinkel-»Blitz« He 70 und die Junkers Ju 60/160. Vertreter der Lufthansa-Flotte gehörten zum alltäglichen Bild auf dem Flughafen. Doch noch spielte bei der Lufthansa Berlin die erste Geige.

Auch das Großflugschiff Do X stattete Frankfurt einen Besuch ab – allerdings landete es in seinem Element, hier in Frankfurt also im Main. Eine Sensation damals für die Stadt und besonders für die Wassersportler.

Die Ju 52 war in jenen Jahren das Standardflugzeug der Lufthansa, in Frankfurt konnte man aber schon zu der Zeit italienische Fiat, französische Potez oder die amerikanische Douglas DC-3 in holländischen Diensten erleben. Bei den Flugzeugen der Lufthansa prangte anstelle des von Otto Firle bereits für den Vorgänger Deutsche Luftreederei (DLR) entworfenen Kranichs jetzt obligatorisch das Hakenkreuz am Leitwerk.

Die Zeppelin-Ära auf Rhein-Main

Mit Luftschiffen hatte es schon am Rebstock begonnen, auf dem neuen Flughafen dominierten im Süden zwei riesige Luftschiffhallen mit allen erforderlichen technischen Einrichtungen sowie Nebengebäuden das Areal. Halle 1 wies eine Länge von 275 m, eine Breite von 61 m und eine Höhe von 55 m auf, Bauzeit September 1935 bis April 1936. Die zweite Halle entstand von September 1937 bis März 1938. Halle 2 übertraf die schon gigantische Halle 1 mit 305 m Länge, 61 m Breite und 56 m Höhe sogar noch deutlich. Diese beiden Riesenhallen forderten bereits während des Baues Opfer und sahen schon bald

Begeisterte Begrüßung der Zeppeline auf ihrem Frankfurter Heimathafen.

Die filigrane Hallenstruktur entspricht der Leichtbauweise ihrer Pensionsgäste.

einem tristen Schicksal entgegen. Doch noch wurde geklotzt.

Luftschiffe waren bis zu diesem Zeitpunkt das einzige Verkehrsmittel, mit dem man transozeanische Flüge durchführen konnte. Der Flug von Frankfurt nach Nordamerika dauerte 2 1/2 Tage, Rio de Janeiro erreichte man in 3 1/2 Tagen Reisezeit. Schon angesichts ihrer schieren Größe waren die Riesenluftschiffe bestens für Propagandazwecke geeignet, Deutschland glänzte mit seinen konkurrenzlosen silbernen »Zigarren« weltweit. So nutzte das Reich – bis zum fatalen 6. Mai 1937 – dieses enorm populäre Propagandainstrument zu weltweiten Reklameflügen für das nationalsozialistische Regime. Die Resonanz entsprach in diesem Falle den hochgesteckten Erwartungen, es gab nichts Vergleichbares. Der Luftschiffhafen Frankfurt war die Heimat der beiden beeindruckenden Großschiffe LZ 129 »Hindenburg« und LZ 127 »Graf Zeppelin«. Der 6. Mai 1937 markierte den Anfang vom Ende. Die Katastrophe von Lakehurst ruinierte im Feuersturm den legendären Ruf der bis dahin im Linienverkehr unfallfreien Luftschiffe und bedeutete den Wendepunkt ihrer Entwicklung. Der grausige Untergang von LZ 129 »Hindenburg« in einem flammenden Inferno leitete ihren Untergang ein. Sie schieden in kurzer Zeit

Das ist das Ende. LZ 129 »Hindenburg« geht in einem Feuersturm unter.

vollständig aus dem Weltluftverkehr aus, die Flugsaurier mit ihrem Flair von weiter Welt, mit ihrem unerreichten Luxus und ihrer prominenten Klientel mussten einem Fluggerät »schwerer als Luft« weichen. Schon im Juni 1937 wurde LZ 127 »Graf Zeppelin« außer Dienst gestellt. Doch die »Hindenburg« hatte noch ein 1938 fertig gestelltes Schwesterschiff, die LZ 130 »Graf Zeppelin II«. Aber sie durfte keine Flüge mit Passagieren mehr durchführen, weder national noch international. Der erste nonstop-Atlantikflug der viermotorigen Focke Wulf

Die gewaltige silberne Zigarre im entsprechend dimensionierten Parkhaus. Das Einparken erfordert Präzisionsarbeit.

Reges Interesse schon in den frühen Dreißiger Jahren. Ob DC-3 oder LZ 127 – man war halt neugierig und interessiert an der neuen Technik.

Die Ära der Zeppeline in Frankfurt ging ihrem unausweichlichen Ende entgegen. Die Frankfurter sahen ihre heißgeliebten Luftschiffe – hier über dem Dom – niemals wieder.

»Condor« Fw 200 von Berlin nach New York am 12. August 1938 wies den Weg in die Zukunft. Das spektakuläre Kapitel »Großluftschiffe« wurde nicht nur in Frankfurt geschlossen. Der Versuch einer Reinkarnation als Lastenträger, genannt »Cargolifter*«, scheiterte gegen Ende des 20. Jahrhunderts kläglich. Die Luftschiffe erlebten trotz aller Sehnsüchte und technischen Träumereien keine Renaissance. Doch ihrer Ausstrahlung konnte sich in ihrer Glanzzeit niemand entziehen.

Frankfurt wird »Einsatzhafen«

Ab August 1939 hatte auf Rhein-Main ein von der Luftwaffe gestellter Offizier das Sagen, Flugplatz-Kommandant des zum »Einsatzhafens« umfunktionierten Zivilflughafens war der zum Oberst beförderte Frhr. von Buttlar-Brandenfels. Die Luftwaffe übernahm das Regiment auf Rhein-Main, bis zum 1. September 1939, dem Tag des Kriegsbeginns, verließen die meisten ausländischen Luftfahrtgesellschaften den Platz. Im März 1940

Unwegsames Gelände oder Hochbauten – das Konzept ähnelt dem »Cargolifter«.

* Der Boeing-Luftfahrtkonzern greift im Juli 2008 das Cargolifter-Konzept gemeinsam mit der kanadischen »Skyhook« International Inc. wieder auf. Mit dem »Jess Heavy Lifter« JHL 40 soll ein kommerzielles Luftschiff mit bescheideneren 40 t Tragkraft entstehen. Das Neue an dieser alten Idee: Das Eigengewicht plus Treibstoff übernimmt das Traggas, den Auftrieb für die Last liefern vier Rotoren wie bei einem Hubschrauber. Nicht nur in Brand, der geplanten Produktionsstätte des abgestürzten Cargolifters, wird man gespannt auf die Vorgänge jenseits des »Großen Teiches« schauen. Ob wohl den Boeing- und Skyhook-Experten die Quadratur des Kreises gelingt?

Pioniere sprengen im Mai 1940 die beiden Hallen, die mächtigen Luftschiffe werden abgewrackt.

Der Wind hat sich gedreht: Startbereite Bf/Me 109 auf dem »Einsatzflughafen«.

■ *Kriegsmaschinen bestimmten jetzt das Bild auf Rhein-Main. Startbereit gegen Frankreich – der Mittelstreckenbomber Ju 88.*

erteilte Göring persönlich den Befehl zum Abriss der Luftschiffhallen auf Rhein-Main und zum Abwracken der verbliebenen beiden Luftschiffe. Das Aluminium wurde für kriegswichtige Zwecke dringender gebraucht.
Am 6. Mai fielen die Hallen durch Sprengpatronen der dafür extra abgeordneten Pioniereinheit in sich zusammen, das Abwracken der Luftschiffe übernahmen ebenfalls Angehörige des Baubataillons. Die Ära der Luftschiffe auf Rhein-Main war beendet, in den verbliebenen Flugplatzhallen standen jetzt 120 Jagdflugzeuge Bf/Me 109, vom günstig gelegenen Flughafen Frankfurt eröffneten Junkers Ju 88 Bomber die Offensive gegen Frankreich.
Auch die südlich vom Frankfurter Kreuz gesperrte Autobahn diente jetzt als Abstellposition für Jagdflugzeuge.

Nur der alte Kaiserdom St. Bartholomäus markiert noch das Areal, an dem einst die Frankfurter Altstadt stand. Götterdämmerung, Weltuntergang – wer mag da noch an eine Zukunft glauben?

Die Luftwaffe nutzte den Flughafen in den ersten Kriegsjahren intensiv und nahm ihn vollständig in Anspruch. Noch glaubten der Führer und seine Paladine an den großen Sieg. Nach Sieg und Waffenstillstand im Westen entstanden noch einmal neue Visionen für den Ausbau des Frankfurter Flughafens, die als »Generalausbauplan« im Februar 1942 sogar den Schreibtisch von Gauleiter Sprenger erreichten. Fast 1400 ha Wald sollten für das Vorhaben weichen. Aber der Krieg im Osten tobte mit voller Wucht, für solche verwegenen Planungen fehlten die Mittel und – die Menschen. Die Pläne wurden nie ausgeführt.

Auf dem Flughafen gingen die Lichter aus

2000 Bomben der alliierten Luftstreitkräfte hatten Rollfeld und Flughafen Rhein Main verwüstet, die herrliche alte Reichsstadt Frankfurt, einst Krönungsort der deutschen Kaiser, lag in Trümmern. Jetzt war tatsächlich alles in Scherben gefallen.
Als die Amerikaner am 26. März 1945 Frankfurt besetzten musste auf dem Flughafen zuerst der Adler auf seinem hohen Sockel dran glauben. 1946 begann der Wiederaufbau. Fliegen aber – so legte es die »Proklamation No. 2« vom 2. August 1945 des Alliierten Kontrollrates fest, de facto jetzt Regierung im besetzten Land – war den Deutschen wie nach dem Ersten Weltkrieg wieder einmal verboten. Schon Ende Mai 1945 griffen ehemalige Beschäftigte des Flughafens wieder zu Hacke und Schaufel und begannen mit ersten Aufräumungsarbeiten. Offiziell ordneten die Amerikaner, in deren Besatzungszone Frankfurt jetzt lag, am 28. Februar 1946 den erneuten Aufbau des Frankfurter Flughafens an. Jetzt sollte hier die US-Airforce den Ton angeben, für deren Zwecke der Flughafen wieder instand gesetzt wurde. Schon im Lauf des Jahres 1946 waren die Aufräumungs- und Aufbaumaßnahmen soweit gediehen, dass die Amerikaner mit ihren Maschinen einen beschränkten Luftverkehr wieder aufnehmen konnten – wenn auch unter einfachsten Verhältnissen.
Dem Frankfurter Flughafen jedoch stand schon bald eine ungeahnte und hochfliegende Karriere bevor, Phönix erhob sich geradezu ungestüm aus der restdeutschen Asche.

Wie unzählige andere deutsche Städte ging auch Frankfurt im nächtlichen Bombenhagel unter.

■ *Noch sind die Spuren des Krieges offenkundig. Doch mit DC-3 und DC-4 erwacht Rhein-Main zu neuem Leben.*

■ *Ankunft am Main. American Overseas Airlines eröffnet den zivilen Flugverkehr über den großen Teich.*

Start zu neuen Ufern

Die ersten Flugzeuge, die man nach dem Kriege auf dem Frankfurter Flughafen sichtete, trugen »stars and stripes« und kamen aus den USA. Sie eröffneten den erneuten Flugverkehr auf Rhein-Main, der nun ausschließlich den US-Luftstreitkräften vorbehalten war. Doch damit hatte man hier schon in den ersten Wochen des neuen Lebens auf Rhein Main die kontinentale Grenze, die vor dem Kriege von hier aus das Limit darstellte, überschritten. Denn die Maschinen der Sieger kamen aus Übersee – aus den USA, eine Neuheit für den Frankfurter Flughafen, Interkontinental-Verkehr hatte bisher ausschließlich in kleinem Umfang von Berlin aus stattgefunden – wenn man von den regelmäßigen Postflügen über den Südatlantik und den Versuchs- und Post-Vorausflügen über den Nordatlantik einmal absieht.

Eine DC-4 der »American Overseas Airlines«, später aufgegangen in »Pan American Airways« (Pan Am) eröffnete am 18. Mai 1946 den zivilen Luftverkehr auf dem

DC-3 der AOA vor dem Rhein-Main-Terminal noch unter US-Besatzung.

Frankfurter Flughafen. Am 15. August 1946 kam die erste planmäßige Flugroute Kopenhagen-Frankfurt-Zürich-Marseille der SAS hinzu, auf der die Skandinavier mit einer DC-3 aus den USA flogen. Doch erst mit der Umbenennung in Verkehrs-Aktiengesellschaft Rhein-Main (V.A.G.) durften deutsche Mitarbeiter der Vorgängerin »Südwestdeutsche Luftverkehrs-AG« im September 1949 erstmals ihre bereits vorher erbauten neuen Büros in Flughafennähe beziehen. Die Amerikaner aber hatten es schon am 2. März 1948 deutschen Staatsangehörigen erstmalig wieder gestattet, mit US-Maschinen nach Berlin fliegen zu dürfen.

Im gleichen Jahr erfolgte durch die Besatzungsmacht eine groß angelegte Ausbauplanung für die weitere Flughafennutzung auf Rhein Main. Die nun für das westlich orientierte Westdeutschland günstige zentrale Lage Frankfurts prädestinierte Rhein Main als ideales Zentrum für den Luftverkehr der im Entstehen begriffenen Bundesrepublik.

1948 »The Berlin airlift« oder: 60 Jahre Berliner Luftbrücke

Am Rande des Frankfurter Flughafens direkt an der Autobahn Frankfurt-Mannheim kann man eine Merkwürdigkeit entdecken – ein Beton-Monument mit drei Zacken, das in Richtung Osten weist. Es ist das westliche Pendant zur Berliner »Hungerkralle« des Berliner Professors Eduard Ludwig, die nach dem Ende der Luftbrücke am 10. Juli 1951 auf dem »Platz der Luftbrücke« am Berliner Zentralflughafen Tempelhof aufgestellt wurde. Beide Mahnmale sollen an die legendäre Luftbrücke erinnern, die während der Berlin-Blockade von Juni 1948 – Mai 1949 durch die Sowjetunion die Berliner Bevölkerung über drei Korridore mit dem notwendigsten versorgte.

Frankfurt war der westliche Endpunkt des südlichen Korridors und trug die Hauptlast der Berliner Versorgung. »Die Flugzeuge heben hier

Die drei Luftkorridore auf dem Weg nach Westberlin – zwei für den Hinflug, einer für den Rückflug.

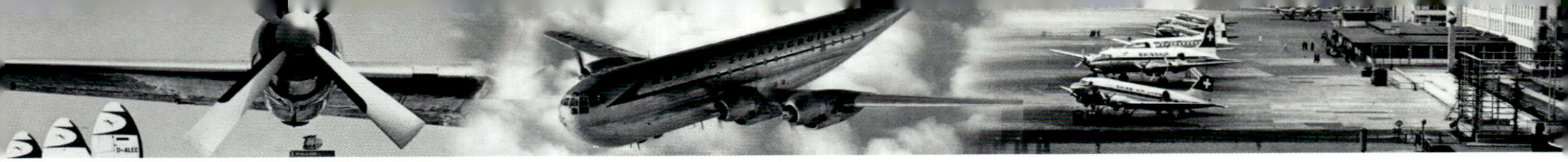

im 3-Minuten-Takt ab, das ist häufiger als die Frankfurter Straßenbahn« so lautete einer der gängigen Aussprüche von Flughafen-Bediensteten der Besatzungsmacht aus jener Zeit.

Am 26. Juni 1948 startete von Rhein Main die erste US-Maschine mit Versorgungsgütern für die eingeschlossene Bevölkerung Westberlins. Wie in Berlin der Flughafen Tempelhof, so trägt im Westen Restdeutschlands der Flughafen Rhein Main die Hauptlast der Versorgung der Berliner in den drei eingeschlossenen West-Sektoren mit ihren 2,2 Millionen Einwohnern.

Berlin im Würgegriff

Vom 24. Juni 1948 bis zum 12. Mai 1949 sind die Berliner Westsektoren mit ihren 2,2 Millionen Menschen von den Versorgungswegen zu Lande und auf dem Wasser vollständig abgeschnitten. In der Operation »vittles« (vitals, Proviant/Verpflegung) versorgten die Westalliierten die Bevölkerung mit Lebensmitteln und der dringend benötigten Kohle. Rund zwei Drittel der Tonnage übernahmen die Amerikaner, das restliche Drittel flogen die Engländer ein.

Zentrum der Versorgungsflüge der US-Airforce ist Rhein Main, ab hier starten die Maschinen im 3-Minuten-Takt. Bis in den Oktober 1949 läuft die US-Luftbrücke über den südlichen Korridor nach Westberlin.

Der »airlift« – eine logistische Meisterleistung

In der Zeit vom 26. Juni 1948 bis zum 12. Mai 1949 lieferten die West-Alliierten in einem einzigartigen Kraftakt per Luftfracht nach Berlin: Insgesamt 2,1 Mio t, davon: 1,44 Mio. t Kohle, 490.000 t Nahrungsmittel, 160.000 t Baumaterial.

Auch nach Beendigung der Blockade gingen die Lieferungen noch bis zum Oktober 1949 weiter, man wollte jetzt Reserven anlegen.

»Make snell« – sieben Tage die Woche, beinahe rund um die Uhr. Die einen zählen und kontrollieren, die anderen müssen sich abplacken. Arbeitsteilung nach dem Kriege für die Extra-Ration.

Für jung und alt in Berlin waren die unablässig einfliegenden alliierten Flugzeuge ein Zeichen der Hoffnung am düsteren Horizont. Bald entstand der Begriff »Rosinenbomber«.

Ununterbrochen flogen beinahe rund um die Uhr zu Beginn die zweimotorige C-47 (DC-3), später die viermotorige C-54 (DC-4) mit erhöhter Frachtkapazität ihre Güter gen Osten. Die Luftbrücke wird trotz Aufhebung der Sperre durch die Sowjets im Mai 1949 bis in den Oktober 1949 fortgesetzt. Insgesamt erreichten rund 2,1 Mio t Frachtgüter den eingeschlossenen Westteil der Stadt, den größten Frachtanteil nimmt die Kohle in Anspruch, die zum Heizen und zur Stromerzeugung dringend gebraucht wird. An zweiter Stelle stehen Nahrungsmittel aber es gibt nichts, was nicht nach Berlin geflogen wurde.

Die für die damalige Zeit enorme Flugfrequenz erforderte schnellstens eine Parallelbahn, diese entsteht mit 2150 Länge und 61 m Breite in der Zeit vom Frühjahr bis zum Jahresende 1949. Im Dezember 1949 nimmt sie den Betrieb auf und hat von vornherein einen schwerwiegenden Geburtsfehler, der noch zu erheblichen Problemen für den Frankfurter Flughafen führen wird – der Abstand von der Nordbahn ist zu gering. 1949 darf die V.A.G. wieder die Bodenorganisation einschließlich Abfertigung am Flughafen übernehmen. Ab Pfingsten 1950 dürfen auch wieder Besucher als »Zaungäste« am Flugverkehr teilnehmen. Frankfurt hat eine neue Sehens-

■ *Die Luftbrücke war vor allem eine logistische Glanzleistung. Aber sie hatte auch ihre Risiken.*

■ *Der haarscharfe Einflug über die Häuserdächer ließ keine Fehler zu – die Luftbrücke forderte Opfer unter den Besatzungen und bei den deutschen Hilfskräften.*

US NAVY
11-4
BLOCKADE ENDS
"AIR LIFT"-WINS!

würdigkeit bekommen, die ein phänomenales Wachstum als Touristenattraktion erfährt. 196.330 Fluggäste registriert man am Flughafen in diesem Jahr, das ist beinahe das Dreifache des höchsten Vorkriegsaufkommens. Frankfurt Rhein Main entwickelte sich zum »Weltflughafen« der Westzonen. Im Jahre 1951 zieht sich die US-Airforce auf den südlichen Teil des Flughafenareals, Richtung ehemaliges Zeppelingelände, zurück. Jahrzehnte wird man noch dort bleiben und auch die »Rhein-Main-airbase« wird einen rasanten Aufstieg erleben.

Auf dem zivilen Teil des Flughafens beginnt der Verkehr zu boomen und verlangt nach einem umfassenden Ausbau aller Flughafen-Einrichtungen – von Erweiterungen der Infrastruktur bis hin zu technischen Einrichtungen und der Modernisierung von Radar- und Instrumentenlandesystemen. In diesem Jahr erfolgt die Gründung einer eigenen Flughafen- Feuerwehr, die nach dem Abzug der Amerikaner in den Süden des Flughafens nun für den zivilen Teil gebraucht wird.

Hier, in diesen frühen Fünfziger Jahren, wurde der Grundstein für den unerhörten Aufschwung des Standortes Rhein Main gelegt. Im Jahre 1953 nahm konsequenterweise die neugegründete Bundesanstalt für Flugsicherung ihren Sitz dort, wo der Luftverkehr florierte wie nirgends sonst im Lande – also in Frankfurt (heute in Langen bei Frankfurt).

88 Jahre hat der legendäre »Candyman« Gail Halvorsen auf dem Buckel. Er ist als Ehrengast bei der 60-Jahr-Feier auf Rhein-Main dabei. Mit »Onkel Wackelflügel« freuen sich Verteidigungsminister Franz Josef Jung, Hessens Ministerpräsident Roland Koch und Fraport-Chef Bender.

Große Feierstunde vor dem Luftbrücken-Denkmal in Frankfurt 2008. 60 Jahre Luftbrücke – noch einmal werden die vereinten Anstrengungen der beteiligten Nationen lebendig.

Die Bundesrepublik wird nach und nach – bedingt – »souverän«

Die Teilung des Landes war faktisch vollzogen, politisch konnte 1949 der nächste Schritt erfolgen – es entstanden die Bundesrepublik Deutschland und die Deutsche Demokratische Republik. Beide sind von den jeweiligen Siegermächten gewollt, Auftragsarbeit und verdanken ihnen ihre Existenz. Die Deutschen wurden nicht gefragt in welcher Regierungs- oder Staatsform sie zukünftig leben wollten. Wozu auch, es ging doch so viel reibungsloser. Die neue Bundesregierung plante schon früh den eigenen Luftverkehr. 1953 beauftragte der damalige Bundesverkehrsminister Hans-Christoph Seebohm den Ex-Verkehrsleiter der alten Lufthansa, Hans M. Bongers, mit der Beratung der Bundesregierung »in Fragen eines zukünftigen Luftverkehrs«

Frühlingserwachen Anfang der Fünfziger Jahre in Frankfurt – fast alle Vögel sind schon da.

Das Wirtschaftswunderland Westdeutschland musste seinen Export kanalisieren und seine Auslandskontakte ausbauen, das verlangte das Geschäft und das war auch gut für das Bruttosozialprodukt. Die »Luftag«, Vorgängerin der bald wieder reanimierten Lufthansa, ging unter der Führung Bongers und des neuen alten Lufthansa-Technikers Höltje auf Einkaufstour in die USA und bestellte die ersten Convairs CV 340 und Lockheed Super Con-

Gemeinsam mit Gerhard Höltje erweckt Hans M. Bongers 1955 die Lufthansa zu neuem Leben.

stellations. Damit diese national und international fliegen durften brauchte die Bundesrepublik die Lufthoheit. Am 5. April 1955 traten die »Pariser Verträge« in Kraft, die Bundesrepublik erhielt von den westlichen Siegermächten – mit Einschränkungen – Souveränität und die Lufthoheit zurück. Bereits am 1. April waren in Hamburg und München mit Sondergenehmigung die ersten Flüge der neugegründeten Lufthansa in aller Herrgottsfrühe aufgestiegen, Frankfurt war nur Zwischenlandeplatz. Die legendäre deutsche Fluggesellschaft der Vorkriegsjahre meldete sich zurück. Sie nahm ihren Sitz in Köln, technische Basis wird und bleibt bis heute Hamburg. Am 1. Juli 1955 startete eine weitere Lufthansa in den Luftverkehr – die Fluglinie der DDR hob ab September von Berlin-Schönefeld ab. In den Cockpits der Iljuschins hatten erst einmal die Sowjets das letzte Wort, im Westen saßen Engländer oder Amerikaner vorne links. Das sollte noch eine Zeit lang so bleiben. Auch das »doppelte Lottchen« Lufthansa hüben und drüben hatte noch eine gewisse Haltbarkeitsdauer.

Ab 1957 darf dann in beiden deutschen Staaten wieder ohne Aufsicht durch den jeweiligen »Großen Bruder«

im Cockpit geflogen werden, ab 1963 firmierte nach diversen Rechtsstreitigkeiten der mitteldeutsche Ableger der DLH zukünftig als »Interflug«. Bereits 1953 verzeichnete der Frankfurter Flughafen mehr als eine halbe Million Fluggäste. Rhein-Main war auf dem Weg zur unangefochtenen Nr. 1 in Deutschland. Ab 28. Mai 1954 wurde aus V.A.G. die FAG, die Flughafen Frankfurt AG. Im Jahre 1955 wurden die Kapitalbeteiligungen der Eigentümer neu geregelt, das Land Hessen erhielt nunmehr 45.24 % der Aktien und war damit Mehrheitsgesellschafter, die restlichen Papiere teilten sich die Stadt Frankfurt mit 28,89 % und die Bundesrepublik Deutschland mit 25,87 %. Diese Investition sollte sich für das engagierte Trio wahrlich lohnen. Die Zahl der in Frankfurt registrierten Fluggesellschaften wuchs unaufhörlich.

Fliegende Holländer und andere Nachbarn

1950 flogen elf ausländische Fluggesellschaften den Frankfurter Flughafen an. Die meisten stammten aus den benachbarten Ländern, es waren Holländer (KLM), Belgier (Sabena), Schweizer (Swiss Air), Franzosen (Air France), Skandinavier (SAS). Dazu kamen Jugoslawen (JAT) und von der Insel die Engländer (BEA),
Das waren die damaligen Europäer in Frankfurt. Doch es gab auch bereits erste Besucher aus Übersee. Schon damals flogen ein aus Südamerika, einer Domäne der Vorkriegs-Lufthansa, die Argentinier (Aerolineas Argentinas) und die Brasilianer (Pan Air do Brasil). Aus den USA kam neben der Pan American auch die Trans World Airways (TWA). Die Abfertigung einer DC-6 beispielsweise kostete damals auf Rhein Main wahr-

Aus AOA ist Pan American World Airways PAA geworden. Hier eine DC-6 der US-Airline.

■ *Es geht aufwärts, die Wirtschaft floriert, die Menschen können sich wieder etwas gönnen. Zum Beispiel einen Ausflug zum Flughafen, wo in den frühen Fünfzigern Douglas-Maschinen den Ton angeben.*

haftig bescheidene 50 D-Mark, »Goldene Zeiten«. Die Boeing 377 »Stratocruiser«, das größte Flugzeug der Zeit, beförderte max. 64 Fluggäste in gemächlichen, nicht aber gemütlichen 16 Stunden in die USA. Eine Lockheed Constellation der TWA erreichte Frankfurt am 10. September 1951 bereits nach einem »nur« 14-stündigen Nonstop-Flug aus New York. Erstmals machte der sprunghafte Anstieg der beförderten Fracht-Tonnage auf dieses immer bedeutsamere Wachstumssegment des Weltluftverkehrs aufmerksam. Im Sommerflugplan 1952 verzeichnete Rhein-Main bereits 19 Fluggesellschaften im Anflug, Ende des Jahres sind es schon 23. Die Zahl der Fluggäste näherte sich der halben Million und konnte diese Hürde wie schon erwähnt im folgenden Jahr überschreiten. Am Flughafen dominierten die Douglas DC-3, DC-4 und DC-6, es herrscht der Propeller auch an Lockheed Super Constellation, B 377 Stratocruiser oder Vickers Viking. Frankfurt begann, sich in die erste Reihe der europäischen Flughäfen vorzuarbeiten und zog in seiner Funktion als Knotenpunkt des Luftverkehrs nach und nach mit Rom, Paris oder London gleich. Auch die Entwicklung zum Publikumsmagneten hielt unvermindert an. Bereits im August 1952 konnte der Flughafen seinen einmillionsten Besucher begrüßen. Premiere – ein »Fliegender Holländer« zog noch einmal alle Blicke von Fluggästen und Besuchern auf sich – erstmals stellte die KLM am 19. August 1953 die »Königin des Nordatlantiks«, die atemberaubend schöne viermotorige Lockheed Super Constellation in Deutschland vor.

Ein Höhepunkt der Fliegerei in den frühen Fünfzigern – die Boeing B377 »Stratocruiser« mit Doppelrumpf, die auch Frankfurt als Interkontinental-Destination anfliegt.

Wieder flügge – die ersten Lufthansa-Maschinen starten erneut in die Lüfte. Schon bald wird der Kranich – hier eine Convair CV 340/440 – in Frankfurt gänzlich heimisch.

Eine Augenweide für Enthusiasten – die viermotorige »Königin des Nordatlantiks« – Lockheed Super Constellation. Ein Blickfang auch in TWA-Bemalung.

Ein Flughafenmodell macht Furore

Im Jahre 1953 drückten sich Klein und Groß auf der Deutschen Verkehrsausstellung in München beinahe die Nasen platt um ein Auge auf eine Sensation werfen zu können – 10.000 Besucher täglich verzeichnete ein originalgetreues, beleuchtetes Großmodell des Frankfurter Flughafens, auf dem alle 10 Minuten auf Plexiglasschienen Start- und Landevorgänge simuliert wurden, Modellgröße 100 qm.

Die noch immer vom Schatten der Niederlage bedrückten Deutschen bekamen einen faszinierenden Ausblick auf den Wiederaufstieg ihres Landes in die Erste Liga der Lüfte zu sehen und drängten sich, begeistert vom internationalen Flair und den Dimensionen der Planung, um das Vorzeigeobjekt des Frankfurter Flughafens. Ein Nachfolgemodell dieses grandiosen Publikumserfolgs brachte es bis zur Weltausstellung 1958 in Brüssel. 1954 hatte sich Frankfurt unter 11 europäischen Flughäfen auf den 3. Platz bei den Fluggastzahlen vorgeschoben – und der rasante Steigflug hielt an. Luftfracht – hier lag Frankfurt in Europa mittlerweile auf Platz 4. 1954 flogen bereits 24 Gesellschaften den Frankfurter Flughafen an, es fan-

Erster Lufthansa-Flug im Juni 1955 nach New York. Mit an Bord Verkehrsminister Hans-Christoph Seebohm (Mitte), Hans M. Bongers (links) und Oberst James Fitzmaurice, letzter Überlebender der Besatzung der legendären Atlantiküberquerung der »Bremen« mit Hermann Köhl und Frhr. von Hünefeld.

D-ALEC
LUFTH

Super Constellation der Lufthansa mit dem typischen dreigeteilten Leitwerk 1958 in Frankfurt. Im Vordergrund das Turboprop-Triebwerk einer Vickers Viscount 814.

Die Boeing 707, hier auf einem Testflug, ist schon bald das Maß aller Dinge im interkontinentalen Luftverkehr und wird zum erfolgreichsten Flugzeugtyp am Beginn des Jet-Zeitalters.

Prof. Dr. Hans-Joachim Pabst von Ohain

Mit ihm begann es: Dr. Hans-Joachim Pabst von Ohain aus Dessau zu Heinkel-Zeiten.

Zwar hatten die Engländer das erste düsengetriebene Verkehrsflugzeug auf den Markt gebracht, das erste flugfähige Düsentriebwerk aber kam aus den Heinkel Werkstätten und ging auf den aus Dessau gebürtigen Physiker Dr. von Ohain zurück. Ernst Heinkel hatte ihn in Göttingen bei Prof. Pohl abgeworben um endlich die deutsche Flugmotoren-Misere, die mit den Beschränkungen des Versailler Vertrages zusammenhing, mit einem neuartigen Antrieb zu überwinden und schnellere Flugzeuge zu bauen. Am 27. August 1939 hob die He 178 mit Pilot Ernst Warsitz und der teuflischen Feuerröhre des Hans-Joachim von Ohain mit ihrem bläulichen Abgasstrahl in Rostock-Marienehe von der Piste ab. Nach 8 Minuten Flug hatte das erste Düsenflugzeug der Welt seinen Erstflug in Deutschland absolviert.

Zwar gab es Parallel-Entwicklungen in England, genannt wird immer wieder der Luftwaffen-Offizier Frank Whittle, der später als »Sir Frank« in den Adelsstand aufsteigen durfte. Doch dessen Turbine war zu dem Zeitpunkt noch lange nicht flugreif und blieb bis Kriegsende praktisch ohne Bedeutung, während in Deutschland Strahltriebwerke bei Junkers, BMW und Heinkel vom Band liefen und Heinkel, Messerschmitt und Arado Düsenflugzeuge einsatzreif an die Luftwaffe ablieferten.

Rolls Royce in England quälte sich zu dem Zeitpunkt noch mit Entwicklungsschwierigkeiten der Whittle-Technik herum. Sir Franks Triebwerk wurde bis 1945 an der Front nicht gesichtet, England lag zu dem Zeitpunkt bei Strahlturbinen noch um Jahre zurück, das bestätigt Brian Johnson, in »The Secret War«, BBC 1978. Die USA erhielten sowohl von den Engländern als auch von Pabst von Ohain, der 1947 in die Staaten auswanderte Nachhilfeunterricht. 1979 berief die Dayton University in den Vereinigten Staaten Dr. von Ohain zum Professor.

den auch bereits reine Frachtflüge statt. Im diesem Jahr erfolgte der Beschluss zum Neubau eines zeitgemäßen Kontrollturmes und zur Verlängerung der Start- und Landebahnen. Frankfurt machte sich auf von der Europa- in die Weltliga. Ganz allmählich lief Rhein Main dem Hamburger Flughafen den ersten Rang als Heimathafen der Lufthansa ab. Damit war die weitere Entwicklung vorgezeichnet, der steile Aufstieg beschleunigte sich noch.

Bereits im Juni 1955 landete die erste nonstop Interkontinental-Maschine der Lufthansa nach dem Flug über den Atlantik in Frankfurt. doch noch war das nur eine Zwischenlandung. Bald aber kamen weitere »long distance«-Destinationen ab Frankfurt hinzu.

Noch im Mai 1955 legten die Fachabteilungen dem Aufsichtsrat einen »Generalausbauplan« vor, Davon ausgehend, dass sich der Luft-, Fracht- und Postverkehr bis 1960 verdoppelt, schlugen die Experten eine neue zweite Landebahn in größerer Entfernung von der Parallelbahn als die bisherige und ein neues Empfangsgebäude vor. Die neue Landebahn sollte mindestens 1500 m von der Parallelbahn entstehen, eine der beiden Bahnen sollte eine Länge von 2900 m aufweisen. Ein neues Zeitalter kündigte sich an. Nach Verabschiedung dieses »Generalausbauplanes« erfolgte die Ausschreibung für einen Architekten-Wettbewerb für das neue Empfangsgebäude, das spätere Terminal Mitte. Die Zeichen am Frankfurter Flughafen standen weiter auf Aufschwung.

Höher, schneller, weiter – eine neue Ära der Weltluftfahrt

Mit einem Geniestreich überfuhr die Pan American Airways ihre Wettbewerber – im Oktober 1955 verkündete Präsident J. Trippe der verdutzten Öffentlichkeit und der geschockten Fachwelt, dass sein Unternehmen 20 Boeing 707 und 25 Douglas DC-8 bestellt hatte. Damit war die Produktion an Düsenverkehrsmaschinen dieser zwei bedeutendsten Jet-Hersteller der USA für zwei Jahre ausverkauft und der Pan Am vorbehalten. Die Konkurrenz machte lange Gesichter.

Rhein Main 1955

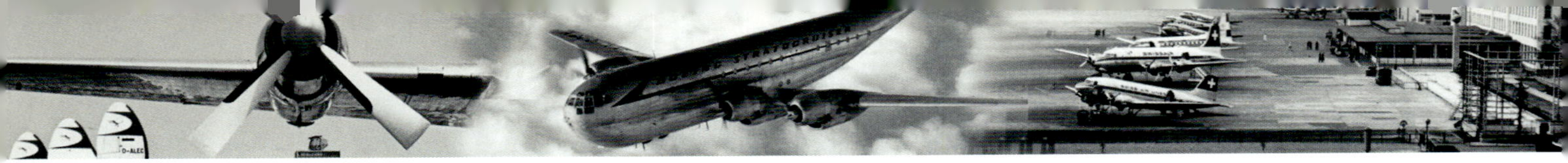

Nun waren Boeing 707 und Douglas DC-8 keineswegs die ersten Verkehrsflugzeuge, die ihre Fluggäste mit Düsentriebwerken beförderten. Jedoch die Engländer, die mit ihrer de Havilland Comet 1 das kommerzielle Düsenzeitalter schon 1952 eröffnet hatten, mussten schreckliches Lehrgeld zahlen. Nach unerklärlichen Abstürzen wurde die Maschine »gegrounded«, der Ruf war ruiniert. Nachdem man mit viel Aufwand Ursachenforschung betrieben hatte und Materialermüdung herausfand, kam im Jahre 1958 die problemfreie, völlig umgestaltete Comet IV auf den Markt. Zu dem Zeitpunkt aber war sie gegenüber den französischen, russischen und amerikanischen Düsenmaschinen nicht mehr wirklich konkurrenzfähig. Ihre Karriere endete schon bald, nur knapp 30 Maschinen wurden gebaut. Demgegenüber entwickelte sich die Boeing 707 zum größten Verkaufserfolg des US-Unternehmens und ließ alle Konkurrenten weit hinter sich. Boeing wurde geradezu zum Synonym für Düsenverkehrsflugzeuge. Doch der erste Jet auf Rhein-Main kam nicht aus den Vereinigten Staaten. 1956 näherte sich die Fluggastzahl auf Rhein Main der Million, im Oktober 1957 ging die auf 3000 m verlängerte Nordpiste – zu der Zeit längste und modernste Rollbahn in Europa – in Betrieb.
Am 25. April 1958 landete der stellvertretende sowjetische Ministerpräsident Anastas Mikojan auf dem Frankfurter Flughafen – mit einem Jet, der Tupolev TU 104! Das erste Düsenverkehrsflugzeug hatte Frankfurt angeflogen, es kam aus der Sowjetunion.
Als zweites Düsenverkehrsflugzeug folgte nur vier Tage später am 30. April eine französische Sud Aviation »Caravelle«, die in Frankfurt Vorführungsflüge durchführte.
Bereits ab 1958 rollten keine Tankwagen mehr auf Rhein Main. Eine Unterflur-Betankungsanlage versorgte jetzt – und in Zukunft – die Maschinen mit dem benötigten Treibstoff. In diesem Jahr begannen die Planungen für die Lufthansa-Basis auf Rhein Main. Der Flughafen erhielt einen mächtigen Nachbarn, der mit dem zukünftigen Wachstum des Flughafens mithalten würde und einen kräftigen Beitrag dazu leisten wird. Erstes düsengetriebenes Linienflugzeug in Frankfurt ist die Comet IV der BOAC (British Overseas Airways Corporation), die BOAC wird gemeinsam mit der British European Airways BEA die spätere »British Airways«/BA bilden. Die Comet IV der BOAC eröffnete am 2. April 1959 offiziell das Düsenzeitalter auf Rhein Main. Nach und nach lösten die Düsenverkehrsflugzeuge die überholten Kolbenmotoren im Weltluftverkehr ab, die mittlerweile auf 3600 m verlängerte Nordbahn war jetzt jedem modernen Flugzeugtyp gewachsen. Die Ära der Kolbenmotoren in Flugzeugen aber – piston engines – ging zu Ende. Der Jet übernahm die Hauptrolle im Weltluftverkehr. Im Sommer 1959 flog die erste Boeing 707 in Frankfurt ein. Pan Am und TWA düsten jetzt im Nordatlantikverkehr. 1960 überschritten die Fluggastzahlen auf Rhein Main die Zwei-Millionen-Grenze, 36 Gesellschaften flogen nun den Frankfurter Flughafen an.

Auch in Toulouse setzten französische Ingenieure auf das Strahltriebwerk. Die Caravelle der Sud Aviation ist eine Urahnin der heutigen Airbus-Familie.

Drehscheibe des Interkontinental-Verkehrs

Zu Beginn der Sechziger Jahre hatte sich Frankfurt zu einem bedeutenden interkontinentalen Drehkreuz im Weltluf-verkehr entwickelt, der in dieser Dekade immer stärker von den Strahltriebwerken geprägt wurde.
Diese Flugzeuge demokratisierten das Fliegen, das bis dahin eine Domäne der zahlungskräftigeren Eliten gewesen war. Jetzt wurde das Verkehrsmittel »Flugzeug« nach und nach für immer breitere Kreise erschwinglich, weil die erhöhte Kapazität der schnelleren Maschinen – eine 707 entsprach vier Super Constellations, so die Faustformel – sinkende Flugpreise auf breiter Front auslösten. Bereits 16 der 36 Fluggesellschaften, die Frankfurt anflo-

VERKEHRSFLUGHAFEN
FRANKFURT MAIN
RHEIN-MAIN
RHEIN-MAIN

gen, setzten auf den Jet. Der Charterverkehr begann zu boomen. Am 17. März 1960 hatte das Strahltriebwerk bei der Lufthansa Premiere, der erste Boeing Jet 707 mit dem Kennzeichen D-ABOB nahm auf der Nordatlantikroute den Dienst auf.

Die Sensation ist perfekt: Die Sowjets verfügen schon im April 1958 über ein düsengetriebenes Verkehrsflugzeug. Mit Schnauzer: Delegationsleiter Anastas Mikojan am Mikrofon.

Alle Augen richteten sich auf den Star der Lufthansa, die ab März 1960 dort eingesetzte Boeing 707. Sie wird bis 1984 im Liniendienst bleiben und lange Jahre das Rückgrat der Interkontinental-Flotte bilden.

Eine Boeing 707 in den damaligen Lufthansa-Farben. Das erste Düsenflugzeug der wieder auferstandenen deutschen Luftlinie wird betankt. Über Bordfunk halten die Techniker am Generator den Kontakt zum Cockpit.

Heimathafen der Lufthansa

In Frankfurt konzentrierte die Deutsche Lufthansa jetzt ihren gesamten Interkontinentalverkehr, die dominierende deutsche Fluglinie baute nun hier auch ihren Wartungsbetrieb aus. Es entstand auf dem Gelände der neuen Lufthansa-Basis Frankfurt die aufgrund ihrer Form so genannte »Schmetterlingshalle«, die größte Wartungshalle Europas.

In dieser Doppelhalle für die täglichen routinemäßigen »Checks« hatten sechs Düsenflugzeuge oder acht Propellermaschinen nebeneinander Platz. Nach und nach erschloss die Lufthansa, die sich primär als Fluglinie für den Geschäftsreisenden versteht, Luftstraßen in alle Kontinente für deutsches knowhow und den deutschen Export. In Frankfurt entstand in Zusammenarbeit zwischen der Deutschen Bundespost und der Lufthansa ab September 1961 das innerdeutsche Nachtluftpostnetz, die Bodenverkehrsdienste übernahm die Flughafen AG. Die Chronik verzeichnete 17.172 t Luftpost für dieses Jahr. Der Frankfurter Flughafen feierte seinen 25. Geburtstag. Das rasante Wachstum erforderte nun eine Interimslösung zur Erhöhung der Abfertigungskapazität, während parallel bereits an der Planung für ein vollständig neues Emp-

Die Konstruktion der architektonisch beeindruckenden Halle mit ihren zwei von Stahlseilen getragenen Flügeln kann im Inneren auf Stützen für das Dach verzichten: Freiheit zum Rangieren.

fangsgebäude und eine Erweiterung des Start- und Landebahnsystems mit einer neuen Rollbahn im Westen (!) gearbeitet wurde. Die Lufthansa stellte sich auf den zunehmenden Massentourismus und den damit verbundenen Aufschwung im Charterverkehr mit einer Umbenennung ein. Ihre Tochter »Deutsche Flugdienst GmbH« bekam den traditionsreichen Namen »Condor«. 1964 hoben 161.982 Urlaubsreisende von Frankfurt ab, eine Steigerung von 100 % gegenüber dem Vorjahr. Auch auf dem Sektor der Geschäftsreisenden brummte das Business. Es entstand ein neues Terminal ausschließlich für den Inlandsverkehr. Damit stieg die Kapazität noch einmal um fast 4 Millionen Fluggäste auf 9 Millionen, das sollte bis zur großen Lösung in naher Zukunft ausreichen. Im Oktober 1963 flog die »zweite Generation« der Strahlflugzeuge erstmals in Frankfurt ein, eine Boeing 727 setzte zur Landung an.

Die nächste Generation – das Kurz- und Mittelstreckenflugzeug Boeing 727 in traditioneller Lufthansa-Bemalung.

Die Lufthansa wird dieses Flugzeug für Kurz- und Mittelstrecken erstmalig ab 1964 als »Europa-Jet« einsetzen. Es wurde zu einer tragenden Säule im Lufthansa-Streckennetz. In diesem Jahr verlegte die deutsche Fluglinie auch ihre Flugbegleiterschule von Hamburg nach Frankfurt, das jetzt unangefochtenes Zentrum der Lufthansa-Aktivitäten war..

September 1961 – der Nachtstern geht auf

Die Deutsche Bundespost wollte die Zustellung ihrer Briefe beschleunigen und setzte ab 1961 für den innerdeutschen Postverkehr das schnellste verfügbare Verkehrsmittel ein – das Flugzeug. Gemeinsam mit der Lufthansa, die anfangs vier Convair CV 440 »Metropolitan« und eine Vickers Viscount 814 stellte, entstand der Frankfurter Nachtflugstern, das innerdeutsche Nachtluftpostnetz. 12 Städte bediente der NLP-Stern in allen Himmelsrichtungen. Ab dem 1. September 1961 sorgte die Post mit diesem System über Jahrzehnte für eine schnelle Zustellung des innerdeutschen Briefverkehrs. Nachts ging in Frankfurt die Post ab und erreichte in über 95 % aller Sendungen den Empfänger in Deutschland am nächsten Tag.

Zwischen Mitternacht und 2.00 Uhr kamen die Flugzeuge des Sterns nach Frankfurt, hier wurde umgeladen und es ging zurück an den Abflughafen. Zwölf Millionen der täglich rund 70 Millionen Briefe und Ansichtskarten werden von der Post am Nachtluftpoststern umgeschlagen, In der Regel handelte es sich dabei um Sendungen aus Deutschland, die eine Distanz von 450 oder mehr Kilometer zurücklegen müssten. Nur durch den Einsatz von Flugzeugen konnte die Post bei diesen Entfernungen die Zustellung über Nacht garantieren.

Zwölf besonders leise Maschinen landeten und starteten jede Nacht am Flughafen, um die Post abzuliefern und aufzunehmen. Die ersten kamen um 23.50 Uhr aus Hamburg und Bremen, das letzte Flugzeug verließ Frankfurt in Richtung Dresden um 1.45 Uhr. Knapp zwei Stunden hatten die »Nachtarbeiter« also Zeit, um Nacht für Nacht rund 300 Tonnen Post zu transportieren. Erst 2003 erfolgte eine grundlegende Veränderung, die innerdeutschen Flüge wurden reduziert. Frankfurt übernahm nun zusätzlich den Luftpostverkehr weltweit, alle Postsendungen von und nach Deutschland wurden jetzt über Nacht im Internationalen Postzentrum/Airmail Center am Flughafen abgefertigt. Das Airmail Center Frankfurt (ACF) ist ein Joint Venture der Fraport AG, der Lufthansa Cargo AG und der Deutschen Post AG. Die Flughafengesellschaft und die Lufthansa sind mit jeweils 40 Prozent, die Deutsche Post AG ist mit 20 Prozent am Geschäftskapital beteiligt. Das Volumen dieser Postsendungen von und

Post, Fracht, Passagiere – die Lufthansa fliegt schon bald wieder in alle Kontinente und ist auf der ganzen Welt zu Hause – ganz besonders aber in Frankfurt, ihrem Heimathafen. Eine startende Boeing 707-300 vor der in den späten Sechzigern entstandenen »Jumbo-Halle« 5.

nach Deutschland lag im Jahre 2007 in Frankfurt bei 95.168 t, täglich sortieren Maschinen und etwa 1.700 Mitarbeiter rund 2,4 Millionen Briefe, 8000 Pakete, 27.000 Päckchen und unzählige Postkarten. 400 Flüge mit Auslandssendungen treffen am Tag ein, an einem Tag verlassen den Flughafen über das ACF Sendungen zu 300 Zielorten. Das Umschlagsvolumen der Auslandspost liegt bei täglich ca. 400 t. Auch das Internet hat an der Flut der Postsendungen nichts geändert.
Das ACF bezog ein Domizil in der bestmöglichen Lage am Flughafen, zwischen den Passagierterminals 1 und 2 in unmittelbarer Nachbarschaft zum Internationalen Postzentrum der Deutschen Post AG (IPZ). Die zentrale Lage sichert dem Airmail Center Frankfurt einen schnellen und reibungslosen Umschlag zwischen Deutscher Post AG, Fraport AG und den internationalen Luftverkehrsgesellschaften. Der Standort vermeidet Umwege und hilft Zeit zu gewinnen. Der vorhandene direkte Autobahnanschluss garantiert optimale Bedingungen für die Verteilung – ob auf Straße oder per Flugzeug.

Ein letzter Blick von oben vor der grundlegenden Verwandlung: Die größte Baustelle Europas wird schon bald das Gesicht des Frankfurter Flughafens vollständig verändern.

Terminal 1 erblickt das Licht der Welt – in Frankfurt entsteht ein Gigant

Am 16. Juni 1965 legte der damalige hessische Wirtschaftsminister Rudi Arndt (»Dynamit Rudi«) den Grundstein für die vollständig neue Empfangsanlage West, das Terminal 1, das nach den Plänen Alois Giefers, Hermann Mäcklers und Heinrich Kosinas entstehen sollte.

Mit dem Architekten Heinrich Kosina, der bereits in den späten Zwanzigern und frühen Dreißigern maßgeblich am ersten Tempelhofer Zentralflughafen beteiligt war, stand dem Team ein erfahrener Flughafenexperte zur Seite. Am Airport in Frankfurt wuchs die damals größte Baustelle Europas ihrer Vollendung entgegen, auch die Planungen für eine neue Rollbahn im Westen konkretisier-

Vorerst nur ein Modell – das künftige Terminal Mitte mit den Flugsteigen A (links), B (Mitte) und dem noch kurzen Arm C (rechts). Nach Fertigstellung wird direkt am Gate angedockt, das beschleunigt die Abfertigung und verkürzt die Standzeiten. Schon bald wurde aus dem Modell Realität.

Allein auf weiter Flur – doch es dauerte nicht lange, da war der freistehende Solitär »Tower« vollständig umbaut.

ten sich. Die Startbahn 18 West warf ihre Schatten voraus. War man bei der Einweihung des Flughafens 1936 noch mit einem Flächenverbrauch von 300 ha ausgekommen, so steigerte sich der Raumbedarf des Flughafens bis 1992 auf 1909 ha (also 500 ha = 5 qkm mehr, als der »Generalausbauplan« 1942 veranschlagte). In dieser Zahl sind die Flächen der Airbase und der Flächenverbrauch für die neue Landebahn Nordwest noch nicht enthalten. Denn noch waren die Amerikaner mit ihrem erheblichen Flugbetrieb im Süden des Frankfurter Flughafens allein zu Hause.

Sie erweiterten ihre Abfertigungsgebäude im Jahre 1967 mit dem Neubau einer Luftpost-Zentrale. Auch Nachbar Lufthansa baute kräftig aus. Es entstand die Jumbo-Halle 5, die größte Wartungshalle der Welt, dazu kam ein Erweiterungsbau für die Simulator-Schulung sowie ein Parkhochhaus. Auch neue Betriebs- und Verwaltungsgebäude entstanden auf der Lufthansa-Basis Frankfurt, die jetzt bereits mit Abstand die meisten Beschäftigten am Flughafen verzeichnete.

An der Baustelle für das Terminal 1 Mitte gingen die Arbeiten zügig voran, der »Weltflughafen Frankfurt«

Die noch heute bemerkenswerte Halle 5 auf der Lufthansa-Basis Frankfurt, 1970 die größte Flugzeugwartungshalle der Welt. Die Maße: Länge 321 m, Tiefe 100 m, Höhe 34 m. Bis zu sechs »Jumbos« haben hier Platz.

■ *Es geht voran – das Projekt Terminal 1 nimmt Formen an. Jetzt bereits in den Gesamtkomplex integriert – der Tower.*

wuchs sowohl in die Tiefe als auch in die Höhe.
Bei der Lufthansa flogen die ersten düsengetriebenen City-Jets Boeing 737 ein, Weltpremiere. Dieses Flugzeug, das aufgrund einer Lufthansa-Initiative entstand, entwickelte sich zum meistverkauften Düsenverkehrsflugzeug der Welt.
Am 10. Februar 1968 nahm der erste City-Jet in Lufthansa-Bemalung seinen Dienst auf – von Beginn an mit Zweimann-Cockpit. Die Empfangsanlage West näherte sich allmählich ihrer Fertigstellung. Das Aufkommenswachstum im Personenverkehr wurde von einer Sparte

■ *Der City-Jet Boeing 737. Jetzt düste die Lufthansa ab Frankfurt auch auf den innerdeutschen und europäischen Kurzstrecken.*

Der erste Jumbo, der in Frankfurt landete, trug die Farben der PanAm (noch in der alten Bemalung). Doch die Tage der US-Fluggesellschaft waren gezählt.

im Luftverkehr sogar noch deutlich übertroffen – die Luftfracht boomte. Die Flughafengesellschaft nahm daher in Zusammenarbeit mit den ansässigen Fluggesellschaften Planungen für ein neues Frachtzentrum auf. Um die Baustelle Terminal Mitte entstanden neue Hotels – den Startschuss gab die Steigenberger Gruppe mit der Grundsteinlegung für das Steigenberger Airport Hotel im Jahre 1968. Am Horizont erschienen die ersten düsengetriebenen Großraum Jets, die bei den Planungen für das neue Terminal zu berücksichtigen waren und noch während der Bauphase zu

■ *Die Bauarbeiten nähern sich ihrem Abschluss. Eine startende Air India-707 überfliegt das nahezu fertiggestellte Terminal Mitte.*

erheblichen Planänderungen führten. Auch die Besucherzahlen der »Sehleute« am Frankfurter Flughafen blieben im Steigflug. Das »Wirtschaftswunderland« Bundesrepublik Deutschland wurde zur größten Exportnation der Welt, Bruttosozialprodukt und verfügbare Einkommen stiegen.

Am 28. Januar 1970 landete außerplanmäßig der erste Jumbo-Jet Boeing 747 der Pan Am auf dem Frankfurter Flughafen. Die Ära der Großraum-Jets hatte begonnen. Der Frankfurter Flughafen war dabei sich auf die neue Dimension im Weltluftverkehr einzustellen.

Noch ein Pan Am-Jumbo auf Rhein-Main – diesmal in der letztgültigen Bemalung. Doch der »facelift« rettete die Pan Am nicht mehr – am 1. November 1991 kam das Aus für die amerikanische Traditionsgesellschaft.

FLUGHAFEN FRANKFURT MA

Das Terminal Mitte

Das Terminal Mitte – heute als 1 bezeichnet – mit seinen Flugsteigen A-C vereinte alle Abfertigungsschritte unter einem Dach. Frankfurt war schon damals ein Umsteigeflughafen, deshalb stellte die heute rund 70 km lange, elektronisch gesteuerte Gepäckförder- und Sortieranlage einen Höhepunkt der Infrastruktur des Flughafens dar. Sie erlaubt Umsteigezeiten von nur 45 Minuten, eine weltweit beachtete Spitzenleistung, die sonst von keinem vergleichbaren Großflughafen erreicht wird. Das Terminal Mitte verfügt heute über vier Ebenen: Auf der **Ebene 0**, also im Keller, fahren Zug und S-Bahn den Regionalbahnhof des Flughafens an. Vom Tiefbahnhof aus verkehren Züge und S-Bahnen zum Frankfurter Hauptbahnhof und in die Region. Auch eine große Tiefgaragenanlage befindet sich im Untergeschoss. Hier können Reisende, Besucher oder Abholer ihre Fahrzeuge in einer riesigen Anlage unterbringen. Ihre Kapazität ist aber trotz ihrer Größe begrenzt, weiterer Parkraum mit insgesamt 15.000 öffentlichen Stellplätzen steht auf anderen Parkplätzen zur Verfügung. Angesichts der Dimensionen der Flughafen-Anlage ist es für motorisierte Reisende oder Besucher durchaus vorzuziehen, das eigene Fahrzeug möglichst dicht am Ziel unterzubringen, die Wege können sonst sehr weit werden.

Blick in die Abflughalle Terminal Mitte/Terminal 1. Bei Hochbetrieb mit bis zu 200.000 Fluggästen am Tag kann es auf dem Frankfurter Flughafen schon mal richtig eng werden.

Tendenz uneinheitlich bis ablehnend meinte die Fachwelt

»Diese Summe von unterirdischen, ebenerdigen und hochgelegenen Gebäuden, Verkehrsbeziehungen und technischen Anlagen hat, was ihre Zusammenhänge und Abfolgen betrifft, eine derartig, an den hochorganisierten, hochdifferenzierten Bedürfnissen eines modernen Flughafens orientierte Eigengesetzlichkeit entwickelt, die es gar nicht mehr zulässt, dass die Planung beherrschend von architekturkünstlerischen Gebärden abgeleitet wird«. P. Nestler u. P. Bode in »Deutsche Kunst ab 1960«, 1966 Vereinfacht ausgedrückt: Terminal 1 mit seiner fast einen halben Kilometer langen Eingangs. und Schalterhalle ist nicht eben schön. Dem versucht man durch die aufwändige Innenraumgestaltung entgegenzuwirken: »Durch edle und teure Materialien, geschliffene Marmorböden, Chrom und Glas, Spiegelfassaden und Glasdächer wird im Inneren eine künstliche Welt inszeniert » (J.A. Jödicke, Archigrad 5 um 1994/95). Mancher Kritiker des überdimensionierten Bauwerkes spricht beim Terminal 1 auch vom »letzten Sieg über bauästhetische Kriterien« – Bauwelt 1989/90.

Doch wenden wir uns wieder den praktischen Gegebenheiten zu. Wer für die Anreise zum Flughafen die S-Bahn nutzt, ist gut beraten, denn vom Tiefbahnhof kann man recht schnell zu Ankunft oder Abflug im Terminal Mitte gelangen – und auch zum Terminal 2 mit den Flugsteigen D-E und zum verlängerten A-Finger, denn dorthin fährt der automatengesteuerte »Skyline-shuttle« mittlerweile auch. Wer den Frankfurter Flughafen – und sei es auch nur Terminal 1 – auf Schusters Rappen erkunden will hat sich was vorgenommen – er muss richtig viel Zeit mitbringen und sieht doch nicht alles. Manche Bereiche kann man nur mit Flugschein und Pass oder Personalausweis betreten. Terminal 1: Auf **Ebene 1** – also im Erdgeschoss – kommen die Fluggäste an. Demgemäß befindet sich dort ein gern genutzter »Meeting Point«, der Treffpunkt für Abholer, Freunde oder Geschäftspartner.

Auf **Ebene 2** findet der Abflug statt. Hier sind die check-in-Schalter, vor dem Betreten der Fluggastzone sind die Sicherheitskontrollen zu den Gates mit ihren Warteräumen zu passieren. Wer vom Fingerkopf am Flugsteig B startet, kann »Langstrecken« schon auf dem Flughafen kennen lernen. Doch allzu weite Fußwege verkürzen an Rolltreppen erinnernde lange Laufbänder, auf denen man recht schnell vorankommen kann – so man will. Den Besucher erwarten im Terminal Mitte unzählige check-in-Schalter, Banken, Läden, Restaurants und coffee-shops, Aussichtsbereiche, Ruhezonen – halt alles, was man schon von anderen Flughäfen kennt. Nur eben viel riesiger.

Doch das Terminal Mitte ist mehr als nur eine Fluggastabfertigung für an- und abfliegende Passagiere, es ist eine Stadt in der Stadt mit Apotheke, Krankenstationen, einer Flughafenklinik, Gebetsräume für verschiedene Konfessionen, Flughafen-Seelsorger, Spielhallen, Schuster und allem, was der Mensch nur – mehr oder weniger – brauchen kann. Es gibt kaum etwas, was es hier nicht gibt. Die **Ebene 3** dient überwiegend für die Abwicklung der Abfertigung nach dem Schengener Abkommen sowie für Lounges und Büroräume.

Auf **Ebene 4** verkehrt heute die »Skyline«, ein Shuttle-Verkehr mit insgesamt 18 Fahrzeugen. Mittlerweile hat sich der Airport-Komplex durch das Hinzukommen von Terminal 2 und den Ausbau des A-Fingers mit Erweiterungen so enorm entwickelt, dass die Angaben für das Terminal Mitte für die weitere Bauteile nur als Annäherungswerte zu betrachten sind. In Terminal 2, im neuen C/D-Riegel und im verlängerten A-Finger gelten z. T. eigene Regeln. Man sollte sich vor Ort orientieren, soweit man als Reisender nicht bereits ein klares Briefing erhalten hat oder sich entsprechend auskennt. Aussagefähige Wegweiser sind überall ausreichend vorhanden. Nur die Hochbahn verkehrt immer ganz oben. Am 14. März 1972 konnte der damalige Bundespräsident Gustav Heinemann das neue riesige Bauwerk nach siebenjähriger Bauzeit seiner Bestimmung übergeben. Alles in allem hatte die Flughafengesellschaft eine Milliarde DM in Beton und Innenausbau investiert. Das Bauwerk amortisierte sich bereits in erstaunlichen nur vier Jahren. Der einst freistehende Tower war nun in die Gesamtanlage integriert. 1973 flog erstmals ein neues Verkehrsflugzeug aus Toulouse den Frankfurter Airport an, das erste Baby des europäischen

Warum laufen, wenn man doch bequem fahren kann: Die »Skyline« bringt einen überall hin.

Airbus-Konsortiums, der Airbus A300, war zur Welt gekommen und perfekt gelandet. Es würde nun keine Ewigkeit mehr dauern, bis auch das Terminal Mitte drohte, aus allen Nähten zu platzen. Der Frankfurter Flughafen ist die nahezu unendliche Geschichte vom unaufhörlichen Wachstum, ein Finale ist bis heute nicht abzusehen, die nun folgenden Ausbaustufen sind immer nur Interimslösungen bis zu den nächsten Erweiterungen.

Die »Jumbos« sind da

Die Generation der Großraumflugzeuge stellte in mehrfacher Hinsicht eine Herausforderung für die Flughäfen dar. Zum einen verlangten sie für den Start mit maximalem Startgewicht, also voll betankt und beladen, entsprechend lange Rollbahnen. Dieser Anforderung kann Frankfurt mit seiner 3600 m langen Nordbahn locker nachkommen. Die deutlich höheren Fluggastzahlen der großen Flugzeuge verlangten aber auch neue Dimensionen in der Abfertigung.

Lufthansa

A 15
Pakistan

ternational

■ *Insgesamt 218 Abstellpositionen weist der Flughafen auf (je nach Flugzeugtyp auch weniger). Der Bereich Passage wird aber überwiegend über die Andockpositionen mit ihren Fluggastbrücken abgewickelt.*

■ *Maßarbeit – die genormten Container passen exakt in die »bellies«. Ein spezieller Hubwagen befördert hier seine Ladung in den Rumpf einer British Airways-Maschine.*

Mit Gangways und Bussen ist das Besteigen und Verlassen bei bis zu 500 Passagieren pro Maschine kaum mehr zu bewältigen. Die Flugzeuge müssen jetzt idealerweise direkt am Flugsteig »andocken«, hier passierte der Fluggast nun höhengleich schwenkbare und höhenverstellbare Fluggastbrücken ohne Treppensteigen. Der Jumbo brauchte gleich mehrere Brücken pro Andockposition, um kurze Standzeiten zu ermöglichen.

Auch das bewältigten die Flughäfen schon bald routiniert. Tanken mit Tankwagen war in Frankfurt sowieso schon längst passé, hierfür steht bis heute eine unterirdische Betankungsanlage, die ein Großtanklager im Westen des Flughafens beschickt, mit kilometerlangen Rohrleitungen bereit. Die Betankung erfolgt unmittelbar an der Parkposition. Auch neue Fahrzeuge und Schlepper nahmen die Dienste auf, der Container für den Frachtraum war mittlerweile Standard, selbst das Gepäck wanderte in die Blech-Schachteln.

Auch das verkürzte die Beladungs- und Standzeiten, was für die Airlines von großer wirtschaftlicher Bedeutung ist. Das Andocken direkt an das Gate verlangte neue Rangier-Verfahren. Zwar kann das Flugzeug seine Parkposition mit eigener Kraft erreichen, aber ein Rückwartsgang ist bei Flugzeugen nicht vorgesehen. Die Maschine muss mit mächtigen Bugsierstangen von PS-starken Schleppern wieder in eine Position manövriert werden, von der aus sie mit den eigenen Triebwerken vorwärts rollen kann. Auch das schafft Jobs – nicht nur am Frankfurter Flughafen. Der gesamte Fahrzeug- und Gerätepark war auf die Großraumflugzeuge abzustimmen – vom Catering bis zur Entsorgung, von der Frachtbeladung bis zum Rangierfahrzeug. Es entstanden die gedrungenen Schlepper mit den starken Motoren, die unter die Flugzeugnase passen.

Ein großer Fang am Haken: Der PS-starke Schlepper bugsiert fast wie im Seehafen das Flugzeug wieder in eine Rollposition. Seine Führerkabine ist versenkbar.

Auch für die Zoll- und Gepäckabfertigung bedeuteten die in dichten Wellen ankommenden Fluggäste eine organisatorische Herausforderung. Obwohl aber die Flugzeuge zunehmend größer wurden, zur Boeing 747 gesellten sich schon bald die Douglas DC-10, der Lockheed-T istar und die ersten Airbusse aus europäischer Produktion, wurden sie immer leiser.

Neue Triebwerks-Generationen arbeiteten nach dem bypass-Prinzip, bei dem am Triebwerk vorbeigeleitete, erwärmte Luft die heißen Abgase, die den Düsenlärm

Die Douglas DC-10, ein häufiger Gast in den Siebziger- und Achtziger-Jahren – nicht nur von der Lufthansa. Sie war vor der A330 und A340 ein gefragtes Großraummuster auf den Langstrecken, die einen Jumbo nicht auslasten konnten.

beim Auftreffen auf die kälteren Luftschichten verursachen, umströmen und so die Temperaturunterschiede mindern. Mit neuen Anflugverfahren, die insbesondere die Lufthansa erstmalig testete und einsetzte, konnte man ebenfalls den Störfaktor Fluglärm nach und nach deutlich reduzieren. Dazu trägt auch das gemeinsam von der FAG und der Lufthansa erarbeitete »Frankfurter Anflugverfahren« bei, das seit den aufkommenden Düsenflugzeugen in den frühen 70er Jahren den Fluglärm ebenfalls reduzieren sollte und zum weltweiten Vorbild wurde: Durch

Dreistrahlig wie die DC-10 aber nicht ganz so gefragt – die Lockheed Tristar L 1011, hier auf dem Runway ein Tristar von Air Canada.

Die überschallschnelle britisch-französische Concorde mit abgeklappter Nase im Landeanflug. In Frankfurt hatte die Diva des Weltluftverkehrs nur einen einmaligen Auftritt.

das möglichst späte Setzen der Klappen und dem ebenfalls möglichst späten Ausfahren des Fahrwerks bleibt das Flugzeug länger in der »clean configuration«, in der sauberen aerodynamischen Konfiguration, die Triebwerke werden entsprechend später hochgefahren um den Geschwindigkeitsverlust durch Klappen und Fahrwerk auszugleichen. Folge: Weniger Lärm. So entstand das seit 1972 international empfohlene Vorbild für den heute weltweit praktizierten leiseren Anflug in Frankfurt. Am Frankfurter Flughafen wurde auch erstmalig ein Gebührensystem entwickelt, das landende Flugzeuge in die Kategorien »laut« oder »leise« einordnet und danach die Landegebühren staffelt. Je lauter, desto teurer. Dieses System praktizieren heute alle deutschen Verkehrsflughäfen. Anfang 1972 arbeiteten auf dem Flughafen Rhein Main bereits 24.600 Personen, von denen die FAG rund 4900 auf ihren Lohn- und Gehaltslisten führte. Größter Arbeitgeber am Airport war jetzt die Lufthansa, die in Frankfurt zu diesem Zeitpunkt mehr als 8000 Personen beschäftigte. Das weiter zunehmende Verkehrsaufkommen sollte auch für weiter zunehmende Beschäftigungszahlen am Frankfurter Flughafen sorgen.

1976 konnten Luftfahrt-Enthusiasten und »plane spotter« erstmalig und zum einzigen Mal ein Flugzeug ins Visier nehmen, das zur Legende wurde bevor seine Ära in einer Tragödie endete – die englisch-französische »Concorde« setzte ihre schlanken Fesseln auf die Frankfurter Piste. Für viele war diese Begegnung begeisternd und ernüchternd zugleich – die »Concorde« war eine eher kleine Maschine mit recht enger Kabine. Für den aufrechten Gang war dieses Flugzeug nicht wirklich vorgesehen. Die Daten zum Vergleich in der Tabelle.

Klein aber oho – British Airways mit Boeing 737 im Anflug auf Frankfurt.

	Concorde	Boeing 737-300 »City-Jet«
Kabinenhöhe	1,96 m	2,13 m
Kabinenbreite	2,63 m	3,53 m
Spannweite	25,6 m	28,88 m
Länge	61,66 m	33,41 m
Höhe	12,2 m	11,13 m
max. Startgewicht	185 t (96 t Treibstoff)	56,47 t (20 t Treibstoff)
Passagiere	max. 144	max. 149

Ein Konflikt eskaliert – das Drama »Startbahn West«

Als am 10. Mai 1966 die hessische Landesregierung ihr Einverständnis mit der Genehmigung der erforderlichen Bauarbeiten für eine neue, 4000 m lange Startbahn in Nord-Südrichtung durch den Minister für Wirtschaft und Verkehr erteilte, kam eine Lawine ins Rollen. Zuerst war es eine Prozesslawine, initiiert von verschiedenen Ausbaugegnern, nachdem 1968 ein erster Planfeststellungsbeschluss vorlag, der 44 Anfechtungsklagen zur Folge hatte. Die juristischen Auseinandersetzungen zogen sich in verschiedenen Phasen vor den Verwaltungsgerichten bis Oktober 1980, als eine letztinstanzliche Entscheidung für die neue Startbahn erfolgte.

Zu diesem Zeitpunkt hatte sich bereits eine Bürgerinitiative formiert und etabliert, die neben dem zuerst gerodeten Gelände ein Hüttendorf errichtete. Polizei sicherte die geplante Baustelle, es kam zu immer neuen Zusammenstößen mit den Demonstranten, die Lage eskalierte. Die Zahl der Gegner wuchs nicht zuletzt durch den rüden Polizeieinsatz rapide an. Am 2. November begannen unter massivem Polizeischutz die Bauarbeiten für die Start-

An der Startbahn West kam auch die berüchtigte »Putztruppe« der Frankfurter Szene zum Einsatz, aus der später staatstragende Prominenz hervorging. Die Wege des Schicksals...

bahn 18 West, am 14. November 1981 protestierten über 120.000 Demonstranten auf einer Kundgebung in Wiesbaden gegen den geplanten Ausbau.
Ein eingeleitetes Volksbegehren wurde abgewiesen. Es kam zu Blockaden der Autobahnen und des Flughafens sowie zu diversen gewalttätigen Aktionen gegen Institutionen, Banken, Politiker. Die Startbahn West wurde zum Paradebeispiel des Aufstands engagierter Bürger gegen einen Staat. der nicht mit sich reden lassen will und seine Planungen und Entscheidungen mit allen Machtmitteln unbeeindruckt vom Widerstand der Bürger durchknüppelt. Oder war die Startbahn West vielleicht nur ein erster Probelauf für Autonome, revolutionäre Zellen, »Putztruppen« aller Art, militante Naturschützer, gewaltbereite außerpar-

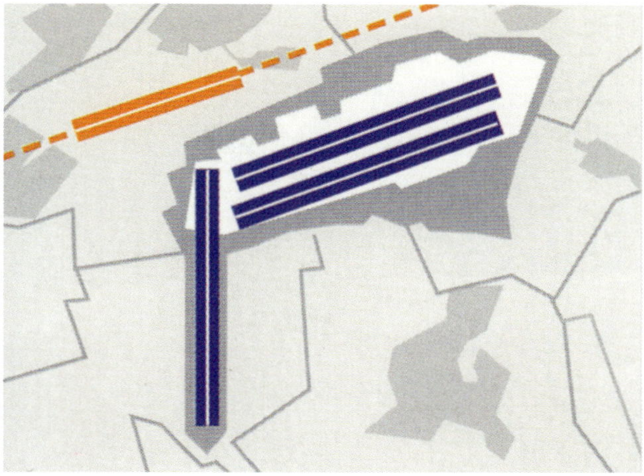

Diese Planskizze versetzte die Gemüter in Aufruhr.

Realität – die vielgenutzte Startbahn West, heute Publikumsliebling.

lamentarische? Wenn es ein Test war auszuprobieren, wie weit man den Staat provozieren kann, dann muss der Versuch als gescheitert angesehen werden. Der hessische Wirtschafts- und Verkehrsminister, der im Jahre 1980 den Sofortvollzug der Bauarbeiten angeordnet hatte, überlebte die Vorgänge um die Startbahn West nicht. Der FDP-Politiker Karry fiel im Mai 1981 einem Attentat zum Opfer, Ob dieser politische Mord in einem Zusammenhang mit den Protesten gegen die Startbahn steht bleibt – wie die Täterschaft – bis heute ungeklärt. Die Tatwaffe stammte aus einem Raubzug in eine US-Kaserne und hatte auch schon mal ein Auto eines späteren Ministers von innen gesehen. Doch das ist eine gänzlich andere Geschichte. Aufruhr an der Startbahn West – die Medien überschlugen sich und machten die Vorgänge zum Aufmacher von Nachrichtensendungen oder zur Schlagzeile auf den Titelseiten. Bürgerinitiativen und ihre Sympathisanten mussten letztlich kapitulieren, sie hatten den Machtmitteln des Staates mit seinen BGS- und Sondereinsatzkommandos nichts entgegenzusetzen. Doch die Republik blickte angesichts der eskalierenden Gewalt um den Flughafenausbau erschrocken auf die bürgerkriegsähnlichen Zustände in Hessen und Frankfurt, die Startbahn 18 West geriet bundesweit in den Brennpunkt der öffentlichen Aufmerksamkeit. Die Abschirmungsmauer aus Beton blieb unüberwindbar, der Bau schritt unaufhaltsam fort, der Widerstand erlahmte angesichts der vielfach erlittenen Niederlagen und der offenkundigen Ohnmacht Am 12. April 1984 wurde die Startbahn 18 West dem Verkehr übergeben, auf eine offizielle Siegesfeier wurde angesichts der zurückliegenden Ereignisse verzichtet.

Ob unter den Befürwortern des Ausbaues nun Triumphgefühle aufkamen darf bezweifelt werden. Doch noch hatten nicht alle Gegner resigniert. Bei einer Demonstration zum Jahrestag der Räumung des Hüttendorfes im November 1987 fielen erneut Schüsse. Sie stammten zwar aus einer Polizeidienstwaffe, aber die Schüsse kamen aus der Menge und trafen 9 Beamte, zwei davon tödlich. Die Waffe war einem Beamten bei einer Anti-AkW-Demo im nahe gelegenen Hanau im November 1986 entwendet worden. Jetzt fiel die Protestbewegung endgültig in sich zusammen. Die Mauer blieb erst einmal.

2008 – Versöhnliches

Volkes Stimmung schlägt manchmal erstaunliche Kapriolen. Die Startbahn West, die wegen des nahen Taunus die Starts nur in der Nord-Süd-Richtung zulässt, entwickelte schon kurz nach der Inbetriebnahme unerwartete Resonanz beim Luftfahrtinteressierten Publikum. Hier zahlt man keinen Eintritt und kommt bedeutend näher als von der Besucherterrasse an die startenden Flugzeuge heran, gerade bei Hobbyfotografen und den sogenannten »plane spottern« ein gewichtiges Argument. Für freaks und ambitionierte Amateure ist die Startbahn West als location ein ausgesprochener Renner und Geheimtipp. Schon bald nach Inbetriebnahme errichtete die FAG eine Aussichtsplattform, die den Blick auf die unmittelbar davor liegende Startbahn unter optimalen Bedingungen zulässt. Ein Eldorado für eingeweihte Sehleute aller Art, ein Publikumsliebling allerersten Grades, der an Wochenenden und Feiertagen zur Hochform aufläuft und aufgrund ständiger Überfüllung ebenfalls unter Kapazitätsmangel leidet, oftmals schwarz von Menschen. Foto-Routiniers bringen sich gern auch – wegen des störenden Zaunes – Leitern und allerlei andere Requisiten und Hilfsmittel bis zum Funkgerät für das Abhören des Tower-Sprechfunks mit, um zum optimalen »Schuss« auf besonders exotische Vögel zu gelangen, ein bemerkenswertes Völkchen, für das mittlerweile auf dem kleinen direkt dazugehörigen Parkplatz bei entsprechendem Wetter auch mobile italienische Eis-Salons und andere Spezialitäten-Verkäufer bereit stehen. Eine weitgehende unbekannte und ungeahnte Entwicklung an der einstmals berüchtigten Startbahn West, die aber weitaus sympathischer daherkommt, als die schlimmen Zeiten ihrer unseligen Vergangenheit.

Endstation Sehnsucht für »plane spotter« und Hobbyfotografen: Die Aussichts-Plattform an der Startbahn West.

NORTHWEST ORIENT

Startbahn West – damit der Knoten endlich platzt

Der Flughafen Rhein Main hatte vor Inbetriebnahme der Startbahn West ein gravierendes Kapazitätsproblem in den »Knoten«-Zeiten (morgens, mittags und abends). Diese Verkehrsknoten ergeben sich einmal aus der Umsteigefunktion, die der Frankfurter Flughafen in besonderem Maße – 43 % Umsteiger – wahrnimmt. Der zweite Grund für die Verdichtung des Flugbetriebes liegt in den sogenannten Tagesrand-Verbindungen – morgens hin, abends zurück.

Diese Verbindungen nutzen besonders gern Geschäftsreisende aus dem Management oder aus Werbeagenturen, da sie Besuche bei entfernten Geschäftspartnern, Kunden und Lieferanten an einem Tag erlauben – morgens nach London, München oder Hamburg, abends

Warten statt starten – gängige Praxis im Morgen-, Mittag- und Abendknoten vor dem Bau der Startbahn West.

Wirbelschleppen

Das Parallelbahnsystem auf dem Frankfurter Flughafen weist eine deutliche Schwachstelle auf – die Abstände der beiden Bahnen sind zu gering.

Landende Flugzeuge erzeugen an den Tragflächen so genannte »Wirbelschleppen«, Turbulenzen, die nachfolgende Flugzeuge gefährden können. Deshalb kann die zeitliche Staffelung der Anflüge nur unter Berücksichtigung dieses Faktors erfolgen, Könnte man nun kurz nach der Landung auf der Nordbahn unmittelbar danach auf der südlichen Parallelbahn oder umgekehrt aufsetzen, ließen sich die Anflüge enger staffeln, ein Kapazitätsproblem wäre entschärft. Das aber geht in Frankfurt so nicht, der Achsabstand der Parallelbahnen ist dafür mit 518 m zu gering. Der Wind trägt die Wirbelschleppen gerade gelandeter Flugzeuge weiter, landende Flugzeuge auf der Parallelbahn könnten in Gefahr geraten. Man muss also die Turbulenzen abklingen lassen und zeitlich größere Abstände für die Landungen hinnehmen. Das limitiert die Kapazität der beiden Bahnen, ist aber aufgrund der Gegebenheiten nicht veränderlich. Kann man jetzt wenigstens möglichst viele Starts auf die 18 West verlagern lassen sich die Parallelbahnen bis an die durch die Gefahr von Wirbelschleppen gegebenen Mindestabstände optimal nutzen (der neue Flughafen Berlin Brandenburg International BBI erhält ebenfalls ein Parallelbahnsystem. Hier geht man dem Wirbelschleppenproblem dadurch aus dem Weg, dass man den Abstand der Bahnen auf 1900 m erhöht). Während der Konflikte um die Startbahn West fanden wichtige Veränderungen an der Südbahn statt, die verlängert und nach Süden verschoben im Juni 1980 den Betrieb wieder aufnahm. Im Oktober erhielt diese Piste die Allwetterflugbetriebsstufe CAT II*. Das bedeutete, dass hier nun der Anflug bei mindestens 300 m Bodensicht und Entscheidungshöhe 60–30 m zugelassen war. Im Dezember 1981 wird die nächste Hürde von der Südbahn genommen – jetzt sind Anflüge auch in der höchsten Allwetter-Kategorie CAT III a/b zugelassen, d.h. der Anflug darf auch bei einer Landebahnsicht von nur 75 m stattfinden, was weitgehend einer vollständigen Instrumentenlandung mit nahezu Sicht Null entspricht. 1984 erhält auch die Nordbahn die Zulassung für CAT IIIa/b.

Eine Testanlage sollte klären, ob Wirbelschleppen exakt prognostizierbar sind, was die Optimierung der Anflugstaffelung erlaubt hätte.

Allwetterbetrieb

Der Anflug erfolgt mit Instrumentenlandesystemen (ILS) mit Leitstrahl (horizontale Kursangaben) und Gleitpfad (vertikale Angaben). Mit Hilfe dieser zwei kontinuierlich gesendeten Signale, die der Pilot bei Anflug und Landung permanent von einem Anzeigegerät (optisch/akustisch) ablesen kann, sind unmittelbare und exakte Korrekturen eventueller Abweichungen vom vorgegebenen Anflugkurs in Anflugrichtung oder Anflughöhe möglich. Der Flugzeugführer kann seine Maschine präzise in den gesendeten Zielkorridor einpassen, letzte Korrekturen erfolgen soweit erforderlich bei Bodensicht kurz vor dem Aufsetzen. Auch hier war in Deutschland – wie beim Wendezeiger, der erstmalig den Instrumentenflug ermöglichte – die Berliner Firma ASKANIA an der Entwicklung und Erprobung solcher Anflugverfahren maßgeblich beteiligt, parallele Versuche fanden in den Vereinigten Staaten statt. In Kombination mit dem Autopiloten ist bei entsprechend ausgestatteten Flugzeugen und -häfen sogar ein vollständig automatisierter Anflug theoretisch bei Sicht Null möglich. Die ILS-Kategorien:

- CAT I: Einfachste Kategorie mit einer Entscheidungshöhe von 200 ft (60 m) über Grund oder mehr und einer Landebahnsicht (engl. runway visual range, RVR) von mindestens 550 m oder einer Bodensicht von 800 m (die Bodensicht wird durch eine von der Behörde bevollmächtigte Person festgestellt)
- CAT II: Mittlere Kategorie mit einer Entscheidungshöhe zwischen 100 ft und 200 ft über Grund (30 m – 60 m) und einer RVR von mindestens 300 m.

CAT I I ist je nach technischer Ausstattung des Platzes oder Flughafens noch einmal in CAT IIIa, CAT IIIb, und CAT IIIc unterteilt:

- CAT IIIa: Entscheidungshöhe zwischen 50 ft und 100 ft über Grund und RVR mindestens 200 m
- CAT IIIb: Entscheidungshöhe kleiner als 50 ft über Grund und RVR weniger als 200 m, jedoch mindestens 75 m
- CAT IIIc: Keine Entscheidungshöhe (0 ft) und keine RVR (0 ft)

Faktisch bedeutet dies, dass die Kategorie CAT IIIb auch im dichten Nebel Anflug und Landung erlaubt. Sogar das Ausrollen am Boden übernimmt der Autopilot, erst das Abrollen in die taxiways dirigiert wieder der Flugzeugführer. Anflug und Landung in der Kategorie IIIc werden derzeit – noch – nicht praktiziert, das Verfahren hat noch keine Zulassung

Zwei Systemkomponenten ermöglichen den Instrumentenanflug: Der Gleitwegsender (glideslope) für die vertikale Führung und der Landekurssender (localizer) für die horizontale Ausrichtung

Gleitweg-Sender – vertikal (glideslope).

wieder in Frankfurt sind gängige Kurzausflüge. Diese beiden Faktoren, Umsteigen und Tagesrand, verdichten die Flugbewegungen in den Knoten wobei hinzukommt, dass viele Gesellschaften sich um einen Einflug in diesen »slots« (Zeitfenstern) drängeln, da sie auf diese Weise ihren Kunden beste Anschlüsse offerieren können. Dies führte in den Zeiten vor der Startbahn West zu Staus beim Abflug, denn die vielen anfliegenden Maschinen ließen nur wenig Pausen für den Abflug auf den stark frequentierten Pisten zu. Der Flughafen geriet an seine Grenzen. Erst durch die Startbahn West ließ sich der Stau in den Verkehrsknoten entzerren, da nun ein erheblicher Teil der abflugbereiten Maschinen nicht mehr auf den Rollwegen spritvernichtend auf die Startfreigabe warten musste, sondern direkt zu der durch den einfliegenden Verkehr nicht belasteten 18 West rollten. Die kostspieligen Wartezeiten waren beendet, der Knoten geplatzt, Rhein Main hatte sein Kapazitätsproblem in den Verkehrsknoten deutlich entlastet, die Staus gehörten der Vergangenheit an. Allerdings – noch immer wollen mehr Gesellschaften in den begehrten Zeitfenstern einfliegen, als Plätze zur Verfügung stehen, denn mit der Startbahn West ließen sich ja nicht die Kapazitätsspitzen im anfliegenden Verkehr erweitern. Die limitierte Zahl der Einflüge in den Knoten entsprach weiterhin nicht der Nachfrage. Das Problem kann wohl erst die nächste Erweiterung – vorübergehend? – lösen.

Lufthansa Cargo Center (LCC) im Norden des Flughafens. Im Hintergrund oben links ist das Großtanklager zu erkennen, das die Flugzeuge auf Rhein-Main mit Treibstoff versorgt. Ganz links die Halle 5.

Im Juni 1980 weihte die Deutsche Lufthansa ihr neues Lufthansa Cargo Center auf dem Flughafengelände ein. Für den Bau hatte das Unternehmen 250 Millionen Mark investiert. Im Oktober des gleichen Jahres eröffnete das von der FAG in Auftrag gegebene Frachtzentrum Frankfurt mit seinen drei Frachtumschlaghallen. Ab Mai 1983 erfolgte erstmalig der Anschluss eines deutschen Flughafens an den Intercity-Verkehr der Bundesbahn. Im Stundentakt war Rhein Main jetzt von jedem IC-Bahnhof in der Bundesrepublik zu erreichen. Im Jahre 1985 verzeichnet der Frankfurter Flughafen folgende Verkehrszahlen:

Fluggäste:	20 Millionen
Luftfracht:	800.000 t, schon seit 1976 hatte Rhein Main die »pole-positon« für Cargo in Europa, vor Paris und London, übernommen.
Luftpost:	114.000 t

Auf dem Frankfurter Flughafen arbeiteten mehr als 36.000 Menschen. Im Jubiläumsjahr 1986 flogen 84 Gesellschaften den Flughafen Rhein Main an, 2000 Personen sorgten für die Sicherheit auf Deutschlands größtem Flughafen. Im gleichen Jahr bekam der Flughafen sein eigenes Grenzschutzamt. 47.000 qm Bürofläche für 200 Millionen D-Mark bot das Frankfurter Airport Center 1, dessen Grundsteinlegung am 17. Oktober 1986 erfolgte. Nach Fertigstellung konnten weitere Unternehmen die Vorteile eines Standorts direkt am Flughafen nutzen. Das 50jährige Jubiläum des Flughafens im ehemaligen Stadtwald feierte die FAG mit dem Formationsflug von drei Junkers Ju 52 in Erinnerung daran, dass die Eröffnung des neuen Flughafens 1936 mit dem Erstflug einer Ju 52 vom Rebstockgelände zum neuen Gelände begann. Erstmals in ihrem »Jubeljahr« 1986 konnte die FAG einen Umsatz über eine Milliarde DM vermelden. Zwar hatte das neue Terminal Mitte ab 1972 eine Verdoppelung der Fluggastzahlen bis zu diesem Zeitpunkt ermöglicht, doch nun wurden die Ressourcen bereits wieder einmal knapp. Es fehlten Parkpositionen für die Flugzeuge, die Vorfeldfläche wurde in Spitzenzeiten knapp. Wieder einmal herrschte am Frankfurter Flughafen Handlungsbedarf. Ein weiteres Terminal geriet in das Blickfeld der Flughafenplaner, das Terminal »Ost« konkretisierte sich, der anhaltende Anstieg im Luftverkehr verlangte neue Antworten auf Steigerungsraten von bis zu 80 %, die bis zum Jahr 1999 zu erwarten waren. Auch neue Großflugzeuge beispielsweise aus Toulouse, wurden am weiteren Horizont schemenhaft erkennbar. Für diese – absehbare – Entwicklung musste ein neues, zweites Terminal im Osten gewappnet sein. Da der bisherige Standort für das neue Terminal gebraucht wurde, musste das GAT, das General Aviation Terminal, in den Süden des Flughafens neben den neuen Tower Süd umziehen. Für das Jahr 1988 wartete der Frankfurter Flughafen mit folgenden statistischen Daten auf:

Fluggäste	26 Millionen
Umsteigeranteil	50 %
anfliegende Airlines	90

Rhein Main war jetzt der bedeutendste internationale Großflughafen auf dem europäischen Kontinent und wuchs »dynamisch« weiter. Die steigende Zahl der Flugbewegungen führte nun auch zu Kapazitätsengpässen im Luftraum. Die zunehmenden Verspätungen, die eine Folge des überbelegten Luftraumes waren, verlangten nach einer schnellen Lösung, denn dadurch bestand die Gefahr, dass Anschlüsse nicht erreicht werden. Bei einem Anteil von 50 % Umsteigern wäre das ein gravierender Nachteil für den Frankfurter Flughafen unabhängig davon, dass die häufigen Verspätungen auch die Bilanzen der Airlines belasteten. Es musste also etwas geschehen. ein »Planungsbüro für Luftraumnutzung« nahm die Arbeit auf. Für das Jahr 2000 erwartete man folgende Kennzahlen:

Fluggäste	37 Millionen
Luftfracht	1,7 Mio t
Beschäftigte	70.000

So fasste man für das neue Terminal eine Fläche von 100.000 qm ins Auge, ausgelegt für 10–12 Millionen Passagiere. Das entspricht knapp 50 % des Terminals Mitte.1989 genehmigte der Aufsichtsrat das größte Ausbauprogramm in der Geschichte des Frankfurter Flughafens. 7,4 Milliarden DM sollten in das größte Investitionsvorhaben in der Flughafengeschichte fließen, der Ausbauplan umfasste 400 einzelne Positionen. Am Frankfurter Flughafen stellte man sich aber bereits auf noch größere Dimensionen ein – um im europäischen Wettbewerb der Airports mithalten zu können wird ein auf 50 Millionen Passagiere ausgelegter Planungsrahmen für die weitere Zukunft ins Auge gefasst. Der Boom hält unvermindert an. Noch 1989 erfolgte der erste Spatenstich für das neue Terminal 2, im gleichen Jahr nahm der hochmoderne Tower Süd den Betrieb auf und der Flughafen konnte einen weiteren Rekord aufweisen: Mit 1,2 Millionen Besuchern auf der Aussichtsterrasse festigte der Frankfurter Flughafen seinen Rang als zweitbeliebtestes Ausflugsziel nach König Ludwigs II. bayrischem Märchenschloss Neuschwanstein. Ränge – die Leser des »Business Traveler International«, einer Fachzeitschrift für vielfliegende Geschäftsreisende, verliehen in einer Umfrage dem Airport Rhein Main 1989 den Titel »Bester Flughafen der Welt«. Der zweite Golfkrieg 1990/91 hinterlässt eine spürbare Delle in der Statistik des kontinuierlichen Aufschwungs des Flughafens.

Der neue DFS-Tower des Flughafens ist im Süden des Areals zu finden. Auch dort sollte er bald wieder Gesellschaft bekommen.

Wer A, B und C sagt, muss auch D und E sagen

Der Weltluftverkehr gehört zu den Wirtschaftszweigen mit dem rasantesten Wachstum, was natürlich Auswirkungen auf den zweitgrößten Flughafen des Kontinents hatte. Auch der Wegfall des Eisernen Vorhangs und die Wende in der DDR hatten Folgen für den Flugverkehr und damit für den Flughafen. 1991 verschwanden die letzten Reste des Flughafens von 1936 unter der Abrissbirne. Der »Weiße Turm« des ehemaligen Empfangsgebäudes fiel. Auf dem freien Gelände entstand nun das Terminal 2. Am 2. Oktober 1992 feierte man auf der Baustelle Richtfest. Nach den Kontroversen um die Konzeption des Terminal Mitte in den späten 60er und frühen 70er Jahren in der Fachwelt hatte man sich nun entschlossen, eine symmetrisch geordnete Außengestaltung mit viel Transparenz zu realisieren.

Das beinahe schon futuristisch wirkende Terminal 2 im Osten des Flughafens. Direkt dahinter steigen die Maschinen hoch, wenn sie bei Ostwind von den Parallelbahnen starten. Der Landeanflug erfolgt dann über Rheingau und Rüsselsheim von Westen.

1994 – Terminal 2 wird eröffnet

Es entstand ein klar gegliederter Zwei-Ebenen-Flughafen mit den Flugsteigen D und E. Damit standen 8 neue Andockpositionen auf der Südseite neu zur Verfügung, die Einweihung des Bauwerks mit 460.000 qm Bruttogeschossfläche erfolgte am 24. Oktober 1994. Die Maße: 600 m Länge, 100 m Breite, Gesamthöhe 46 m. Im Inneren befindet sich die 30 m hohe, von oben mit Tageslicht erhellte Empfangs- und Abflugshalle. Es wurden 350.000 cbm Beton und 50.000 t Stahl verbaut. Unmittelbar unter der Stahlkonstruktion des Daches (Hochbahn-Ebene 4) befindet sich das Aussichtsrestaurant, davor die Besucherterrasse. Die Hochbahn-Station liegt zwischen den beiden Gates D und E. Zum Gebäude gehören auch zwei Tiefgeschosse für Technik, Anlieferungs-und Rettungsstraßen mit dem gleichen Bauvolumen. Ursprünglich wollte die Lufthansa das Terminal exklusiv nutzen, es kam aber zu keiner Einigung mit der FAG über die Zahl der Andockpositionen. Als Alternative für die Lufthansa erfolgten umfangreiche Erweiterungen am A-Finger Ende der Neunziger Jahre. Doch davon mehr im Kapitel über den mächtigen Nachbarn.

Im Jahre 1993 kam es zu der lang erwarteten Unterzeichnung eines für die Zukunft besonders bedeutsamen Vertrages – die US Airforce verpflichtete sich, ihren Flughafenanteil im Süden schrittweise zu räumen. Damit wurden 131,9 ha für Ausbau und Erweiterung des Flugbetriebes für die FAG nach und nach verfügbar, die ersten 31 ha gingen bereits 1994 an die FAG über. Jetzt war der Zeitpunkt gekommen, die Fertigstellung von Terminal 2 zu feiern. Am 24. Oktober feierte die FAG die fristgerechte Eröffnung mit einer »Woche der offenen Tür«, 150.000 Besucher wollten wissen, was es neues am Flughafen gibt und möglichst auch gleich die computergesteuerte neue Verbindung zwischen Terminal 1 und 2 testen, die »Skyline«-Bahn. Cathay Pacific aus Hongkong dockte morgens gegen 6 Uhr als erste Airline am neuen Terminal 2 an.

Kennzahlen 1994

Passagiere	35,1 Mio – diese Zahl hatte man eigentlich erst für das Jahr 2000 erwartet!
Fracht	1,28 Mio t, davon 43 % befördert in sog. »Nur-Frachtern« wie Boeing 747F oder MD 11F
anfliegende Airlines	105

Das Jahr 1994 verzeichnete zwei weitere Marksteine in der Flughafen-Chronik. Es war das leiseste Jahr der jüngeren Flughafengeschichte seit Einführung des Strahltriebwerkes, die »leisesten« Flugzeuge – mit ihren geringeren Landegebühren – der Kategorie 3, die nun auch noch einen zusätzlichen Bonus erhielten, hatten für eine deutliche Senkung des Geräuschpegel in der Flughafen-Nachbarschaft unter 62 dB (Grenzwert für bestehende zivile Flugplätze Tagzone 65 dB) gesorgt.

In diesem Jahr wurde das Raumordnungsverfahren für die »Cargo City Süd« abgeschlossen. Rund 79 ha, davon ein Teil der ehemaligen Airbase, sollten mit Fracht- und Speditionshallen bebaut werden – ein Gelände von nahezu einem Quadratkilometer – 790 x 1000 m – und eigenem Gleisanschluss! Der großdimensionierte Ausbau verdeutlichte den Stellenwert des Cargo-Sektors für den Frankfurter Flughafen.

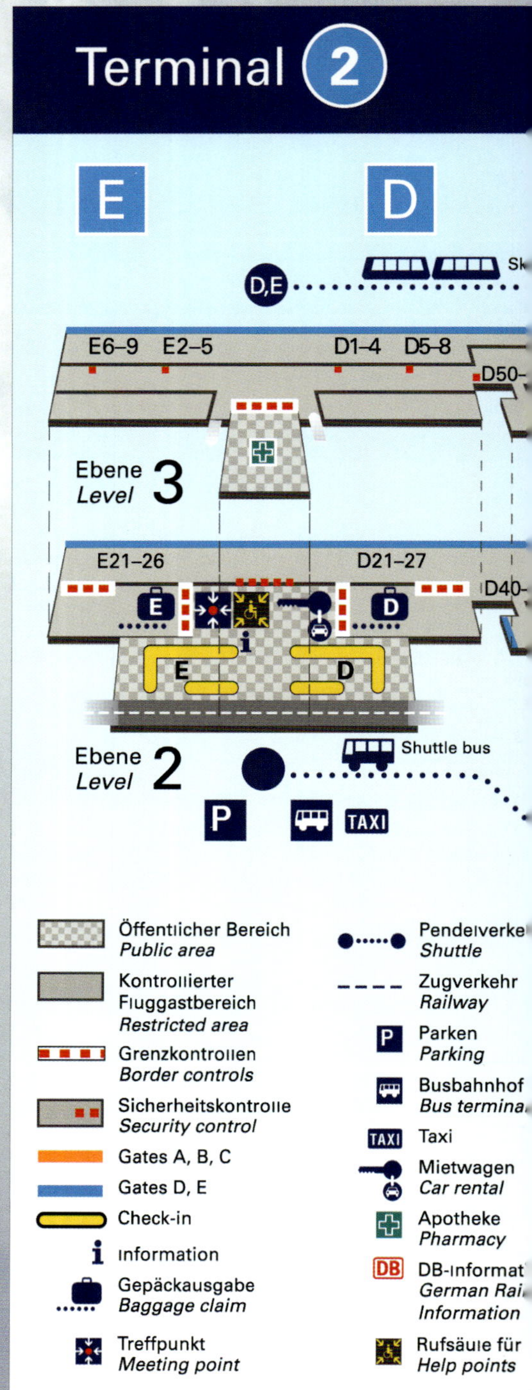

Terminal 2
E
D
D,E
E6–9
E2–5
D1–4
D5-8
D50–
Ebene 3
Level
E21–26
D21–27
D40–
E
D
Shuttle bus
Ebene 2
Level
P
TAXI
Öffentlicher Bereich
Public area
Kontrollierter Fluggastbereich
Restricted area
Grenzkontrollen
Border controls
Sicherheitskontrolle
Security control
Gates A, B, C
Gates D, E
Check-in
Information
Gepäckausgabe
Baggage claim
Treffpunkt
Meeting point
Pendelverke
Shuttle
Zugverkehr
Railway
Parken
Parking
Busbahnhof
Bus termina
Taxi
Mietwagen
Car rental
Apotheke
Pharmacy
DB
DB-Informat
German Rai
Information
Rufsäule für
Help points

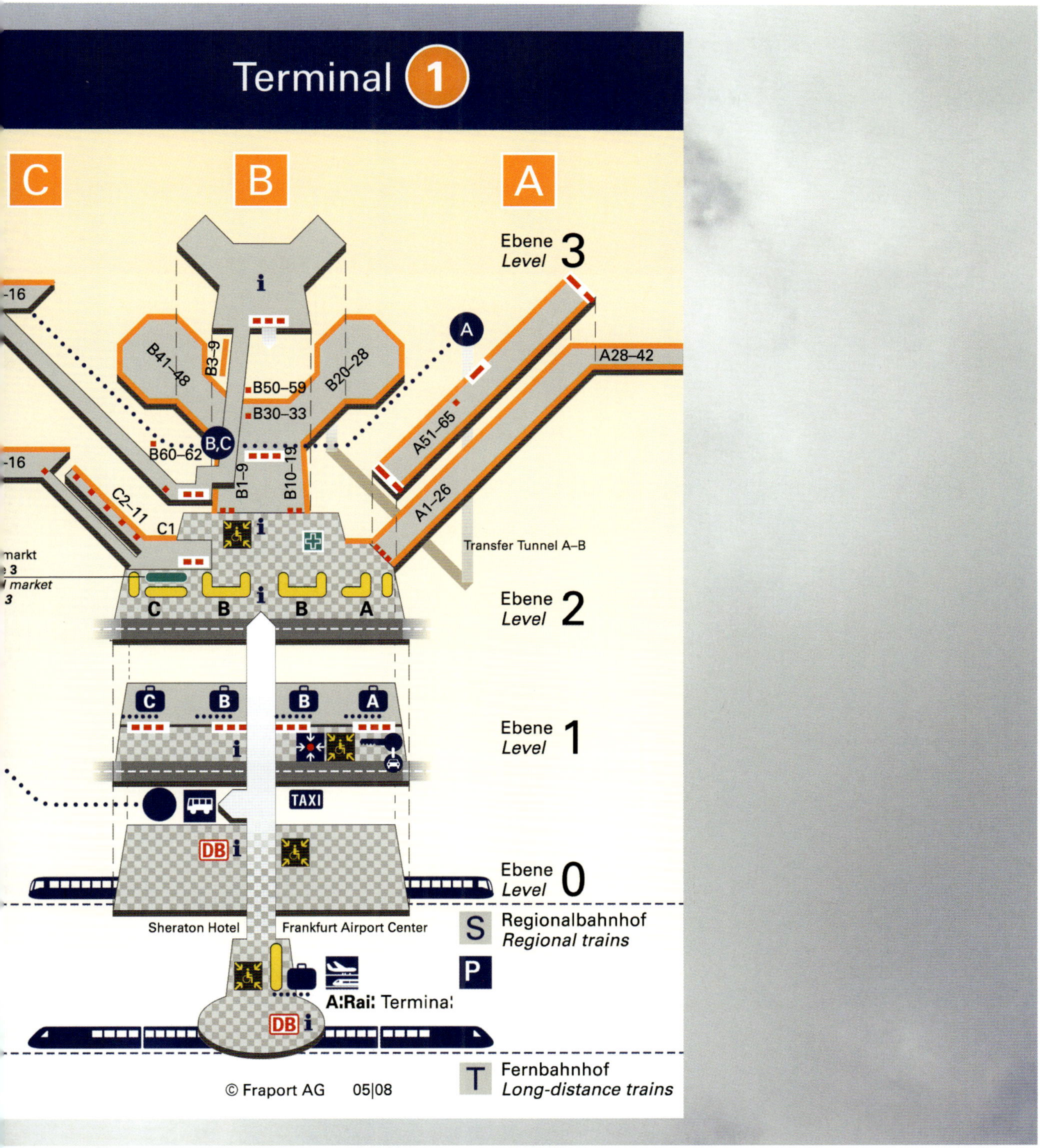
Terminal 1
C
B
A
Ebene 3
Level
-16
B41–48
B3–9
B50–59
B30–33
B20–28
A51–65
A28–42
B60–62
B,C
B1–9
B10–19
-16
C2–11
C1
A1–26
Transfer Tunnel A–B
markt
market
C
B
B
A
Ebene 2
Level
C
B
B
A
Ebene 1
Level
TAXI
DB
Ebene 0
Level
Sheraton Hotel
Frankfurt Airport Center
S
Regionalbahnhof
Regional trains
P
DB
T
Fernbahnhof
Long-distance trains
© Fraport AG 05|08

Das Terminal 2 mit seinen Flugsteigen D und E entlastete zwar das Terminal 1, die stetig ansteigenden Fluggastzahlen aber relativierten diesen Entlastungseffekt schon bald wieder.

»Einsteigen und die Türen schließen« – die Skyline verlässt Terminal 2 auf dem Weg zu Terminal 1. Allerdings geschieht hier oben alles vollautomatisch.

Nur nicht die Übersicht verlieren – der gigantische Frankfurter Flughafen verlangt volle Aufmerksamkeit, wenn man pünktlich an seinem check-in-Schalter ankommen möchte.

Apfelwein und Wolkenkratzer – Frankfurt und sein Flughafen

Natürlich sind die Frankfurter Bürger stolz auf »ihren« Flughafen, der mit seinen vielen Gästen erheblich zur Prosperität der Stadt beiträgt. Frankfurt ist seit altersher ein Verkehrs- und Messezentrum, hier trafen sich schon die alten Handelsstraßen, bevor diese Aufgabe Bahn und Autobahn übernahmen, für die Frankfurt einen der wichtigsten Verkehrsknotenpunkte darstellt. Hier kreuzen sich heute Nordsüd- und Ost-West-Autobahn, das Frankfurter Kreuz ist einer der meistbefahrenen Verkehrsknotenpunkte Europas mit 310.000 Fahrzeugen täglich, der Frankfurter Hauptbahnhof ist eines der wichtigsten deutschen Zentren für den Schienenverkehr.

Frankfurt und sein Flughafen gehören zusammen. Hochbetrieb am Terminal 2 beinahe rund um die Uhr, der Airport schläft nie.

■ *Am Frankfurter Flughafen treffen sich die Verkehrsströme zu Lande und in der Luft. Für Einheimische ist das alles ein ganz alltägliches Bild.*

Frankfurt als ein weltbekannter und hochfrequentierter Messeplatz braucht und bietet erstklassige Flugverbindungen für Besucher und Aussteller aus dem In- und Ausland, ein ganz besonderer Vorteil. Und Frankfurt ist natürlich die Stadt der Banken, auch »Mainhattan« oder »Bankfurt« genannt. Der Flughafen ist einerseits Attraktion für die gesamte Region, andererseits aber der größte Arbeitgeber in Hessen. Rechnet man die Frankfurter Arbeitsplätze der Lufthansa hinzu, Frankfurt ist schließlich Heimatflughafen, werden am Airport und auf der Lufthansa-Basis wohl die interessantesten – und lukrativsten – Stellen weit und breit geboten, wenn man von topjobs in Banken, Börse oder Industrie einmal absieht. Vom Flughafen profitiert natürlich auch das Hotel- und Gaststättenwesen, Touristen, Messegäste und Geschäftsreisende bringen gutes Geld in die Stadt. Schaut man sich die Aufnahmen der total zerstörten Stadt von 1945 an, so hätten die Menschen jener Zeit den enormen Aufschwung, den gerade Frankfurt in den Jahrzehnten nach dem Kriege erlebte – wohl nur vergleichbar mit dem boomenden Berlin nach der Wende – bestimmt nicht für möglich, sondern für völlig ausgeschlossen gehalten.

Die Realität hat aber selbst die kühnsten Phantasien überholt, Frankfurt mit seiner beeindruckenden Skyline ist eine in Deutschland einzigartige Stadt, es bietet mit seinen Hochhäusern und Wolkenkratzern einen atemberaubenden Anblick, den es so weder in Deutschland noch in einer anderen europäischen Stadt ein zweites Mal gibt.

Der Aufstieg des »Phönix aus der Asche« ist ohne das rasante und kontinuierlich kräftige Wachstum des Weltluftverkehrs und damit des Rhein Main Airports nicht vorstellbar, der Flughafen hat zur neuen Blüte der Stadt wesentlich beigetragen, auch für die Banken waren die exzellenten Verkehrsverbindungen national und internatio-

Hautnah dabei sein und den Akteuren direkt auf die Finger schauen – wo sonst kann man einem 747-Kapitän bei der Arbeit an der Check-list zusehen? Die Resonanz bei den Besuchern ist entsprechend.

nal ein wichtiger Grund mehr, Frankfurt zu ihrer Deutschland-Zentrale zu machen. Dass auch die Bundesbank – und heute die Europäische Zentralbank – hier ihren Sitz genommen haben war dabei ein durchaus gerngesehener und wichtiger Nebeneffekt.

Deutschlands Touristenattraktion Nr. 2 – der »Affenfelsen«

In der Gunst des allgemeinen Publikums rangiert der Frankfurter Flughafen wie schon bekannt gleich nach Neuschwanstein, ein erstaunlicher Rang. Doch so erstaunlich ist das nicht, denn Flugzeuge locken die Menschen überall an – ähnlich wie früher die wichtigen Seehäfen, die mit

Heraus aus dem Alltag, ab nach Frankfurt. Wichtig – die Kamera und die Enkel nicht vergessen!

Garuda Indonesia

Die ganze Welt im Blick – in Frankfurt verkehren die exotischsten Vögel aller Kontinente.

Containerverladung und Massengutfrachtern das Flair der großen weiten Welt an die Airports abtreten mussten. In den Seehäfen gibt es heute nur noch wenig aufregendes zu sehen, alles ist durchorganisiert, läuft eher hinter den Kulissen ab, Linienverkehr mit Passagieren nach Übersee findet ab Deutschland so gut wie nicht mehr statt. Aber da, wo die Menschen heutzutage ihre Fernreisen antreten, da ist es nach wie vor spürbar – das Fernweh, der Duft von Freiheit und Abenteuer, die Sehnsucht nach neuen Kontinenten, die Lust auf Entdeckungen. Zur Anziehungskraft trägt am Frankfurter Flughafen natürlich auch die faszinierende Vielfalt der Kulturen bei, die man auf internationalen Flughäfen von Sari bis Turban immer zu sehen und manchmal beinahe hautnah zu spüren bekommt. Den buntbemalten, oftmals phantasievoll gestalteten Jets gilt das besondere Interesse der Besucher, sie sind die Hauptattraktion, die Menschen von nah und fern als »Sehleute« anlockt. Heraus aus dem Alltag, mal etwas ganz anderes entdecken und erleben: Die Aussichtsterrassen des Frankfurter Flughafens übertreffen an sommerlichen Tagen locker die Besucherzahlen des Frankfurter Zoos und von Badeanstalten.

Oft kommen die Fans und Freaks von weit her, die Magnetwirkung vom Frankfurter Flughafen ist keineswegs nur auf die Region beschränkt. Das hängt natürlich auch damit zusammen, dass man in Frankfurt mehr zu sehen bekommen kann als an irgendeinem anderen Platz auf dem Kontinent. Frankfurt ist nach Paris der größte Airport

auf dem Festland und bedingt durch Deutschlands starke Exportorientierung reichen die Kontakte rund um den Globus bis nahezu in die letzten Winkel der Welt. Das kann man hier sehen und erleben – ob Air New Zealand mit Maori-»touch« der die Flugzeuge in der grünen Farbe des Propheten – in Frankfurt landen die buntesten Vögel der ganzen Welt von wirklich überall her.
Die Aussichtsterrasse auf dem Terminal 1 wurde gerade in Airliner-Kreisen gern süffisant und wenig schmeichelhaft als »Affenfelsen« bezeichnet, Ähnlichkeiten mit Primatenansammlungen in Gibraltar sind nicht zufällig, sondern gewollt.
Doch die Arroganz der Damen und Herren aus den Alu-Vögeln trifft nicht. Denn die für sie so selbstverständliche Welt der modernen Luftfahrt ist für gelegentliche »Malle«- und Urlaubsfliegern aller Destinationen bei low-cost-carriern noch immer faszinierend und aufregend – und wird es wohl auch immer bleiben. Das belegen ganz eindeutig die Besucherzahlen, die den Frankfurter Flughafen wie schon erwähnt als die Touristenattraktion Nr. 2 in Deutschland ausweisen, ein überaus bemerkenswerter Rang wenn man bedenkt, was es außer Neuschwanstein sonst noch alles in Deutschland zu sehen und zu besichtigen gibt.
Die Fliegerei übt auf uns Menschen noch immer ihren großen Reiz aus, obwohl wir uns doch seit Jahrzehnten daran gewöhnt haben sollten und es eigentlich nichts Besonderes mehr darstellen kann. Vielleicht hängt es damit zusammen, dass die Luft nun einmal keine Balken hat und der Mensch für den vogelgleichen Flug durch die Lüfte gänzlich ungeeignet ist. Die Vogelperspektive war über Jahrtausende unzähligen vorangegangenen Generationen unerreichbar, es hat sich wohl im Stammhirn verankert dass wir nicht fliegen können und so stehen wir mehr oder weniger staunend immer wieder vor den metallisch glänzenden Beweisen des Gegenteils. Nur mit Titanenkräften können wir uns in der Verkehrsfiiegerei donnernd in den Himmel erheben aber – wir können es. Und so verlockt nicht nur der Frankfurter Flughafen keineswegs nur Luftfahrt-Enthusiasten zum Feiertags- oder Sonntagsausflug, wobei auch an Wochentagen die Anzahl der Besucher sich sehen lassen kann. Heute befindet sich die Besucherterrasse auf dem neuen Terminal 2 zwischen den Gates D und E.
Der Geheimtipp für Kenner bleibt natürlich die Startbahn West mit ihrer Aussichtsplattform aus Beton. Aber um dorthin zu gelangen muss man sich schon ein wenig auskennen. Und das ist angesichts der gigantischen Dimensionen des mit Abstand größten deutschen Flughafens nicht so ganz einfach. Wer sich vom Flughafen aus in Richtung Mörfelden orientiert liegt nicht verkehrt. Wenn an der Startbahn West oder anderswo der Ikarus aber erst einmal kraftvoll abhebt bekommen jung und alt an jedem Aussichtspunkt an Flughäfen weltweit noch immer glänzende Augen. Die Lüfte sind nun mal nicht unser Element – vielleicht macht das den Menschenflug so verlockend.

»You can ring my bell« – das legendäre Dorian Gray

Anita Ward gilt als Musterbeispiel eines »one-hit-wonders«, das es aber auf den Platz Eins nicht nur der US-Charts brachte. Ihr Song »you can ring my bell« eröffnete Abend für Abend die Tanzfläche in Deutschlands einziger Flughafendisco, dem legendären »Dorian Gray«, das am 8. November 1978 erstmals seine Pforten aufmachte. Hier im Basement spielten Dezibel keine so wichtige Rolle, der Beton nahm das nicht weiter übel. Die Parties, die hier gefeiert wurden – Frankfurt ist auch die Stadt der Musikindustrie – waren spektakuläres Gesprächsthema in so mancher Szene. Zwei Frankfurter Gastronomie-Magnaten hatten die außergewöhnliche Idee, einen Airport mit discofever zu infizieren, ein Einfall, der sich wahrlich auszahlte. Bis zu 1500 Gäste bevölkerten abends die mythische Tanzstätte, die zu besonderen Gelegenheiten auch schon mal bis zu 2500 Musik- und Tanzfreaks verkraftete. Am 31. Dezember 2000 war dann Feierabend, einschnei-

Multiport Rhein-Main – in der Mitte die Autobahn Köln-Würzburg, links der Fernbahnhof mit einem ICE-Anschluss, ganz links die Zubringer-Autobahn, rechts der Airportring, in der Mitte der Übergang von Terminal und Airport Center zum Fernbahnhof und umgekehrt, ganz links die einzigartige Skyline von »Bankfurt«. Wer bietet mehr?

Ruckzuck zur Hauptwache, die S-Bahn fährt in der Stadt unterirdisch und kreuzungsfrei außer Konkurrenz – wenn man von der städtischen U-Bahn absieht.

einschneidende Brandschutzregelungen machten der großen Party ein für allemal ein Ende, das Feuer in den Tiefen des Airports erlosch und wurde zur Legende. Bedeutende Namen, VIP's von nah und fern hatten hier manch großen Auftritt, Promis in Hülle und Fülle machten hier die Nacht zum Tage, manche Größe des Pop-Business ist hier erstmalig zur Weltkarriere gestartet. Die goldenen Zeiten der Disco fanden einst im »Dorian Gray« wohl ihren deutschen Höhepunkt. Vorbei, die Musik ist aus, der Funke erloschen. Aber schön, schön war es doch!

Multiport Rhein-Main

Besonders stolz ist man am Flughafen Rhein-Main auf die Vernetzung der verschiedenen Verkehrssysteme wie

Straße, Schiene, Luftverkehr. Selbst die Binnenschiffer sind nicht so weit entfernt.
Straßenverbindungen gab es natürlich schon von Anfang an – das Zubringersystem ist aber mit dem Flughafen gewachsen und muss bei über 50 Millionen Fluggästen pro Jahr auch eine entsprechende Verkehrsleistung erbringen. Ab dem 1. Juni 1980 führte eine S-Bahnlinie direkt vom Gate über den Tiefbahnhof zur Hauptwache im Herzen der Stadt
Diese S-Bahn – S 14 – hielt auch auf dem Verkehrsknotenpunkt Frankfurter Hauptbahnhof, so dass man direkten Anschluss an den Bahnverkehr der Deutschen Bundesbahn hatte. Schon seit 1983 besteht eine S-Bahn-Verbindung auch zu den beiden Landeshauptstädten Wiesbaden (Hessen) und Mainz (Rheinland-Pfalz), heute S 8 und S 9. Außerdem verkehren im Tiefbahnhof Regionalexpress (RE) und Regionalbahn (RB).
Im Jahre 1983 erhielt der Frankfurter Flughafen als erster Airport in Deutschland einen täglichen Anschluss an das Intercity-Netz. Im Stundentakt war nun der Flughafen aus der ganzen Bundesrepublik zu erreichen. 1985 hielten täglich 30 Intercity-Züge auf dem Frankfurter Flughafenbahnhof. Zeitweilig verkehrte hier auch der Lufthansa Airport-Express, der den Flughafen mit Bonn, Köln und Düsseldorf verband.
Mittlerweile ist der neue oberirdische Fernbahnhof fer-

Hier im Fernbahnhof begegnen sich das schnellste Verkehrsmittel am Himmel mit Deutschlands schnellstem Verkehrsmittel zu Lande – dem ICE 3, der von hier in weniger als einer Stunde nach Köln rast.

Zu Lande uneinholbar – der ICE auf der Hochgeschwindigkeitstrasse Frankfurt–Köln.

tig gestellt, von wo der neue ICE 3 der Bundesbahn auf der Hochgeschwindigkeitstrasse ab Frankfurt Flughafen Fernbahnhof mit bis zu 300 km/h Spitzengeschwindigkeit nach Köln eilt. Für den S-Bahnbetrieb und Regionalverkehr steht weiterhin der Tiefbahnhof unter dem Flughafen zur Verfügung. Mehr als 400 Züge täglich halten oder beginnen ihre Reise heute auf den beiden Bahnhöfen des Flughafens.

Frankfurt ist in Deutschland die Drehscheibe für den Interkontinentalverkehr. Daher findet ein intensiver Zubringerverkehr auch durch die Luft statt. Mit der Einführung des A380 bei der Lufthansa im Jahre 2009 wird sich diese Funktion noch verstärken, denn das Großflugzeug kann nur rentabel fliegen, wenn eine hohe Auslastung gewährleistet ist. Daher muss man für die ab Frankfurt mit dem Mega-Airbus beflogenen Langstrecken national und international sammeln, um die Frequenz auf den ausgewählten Strecken beizubehalten. Für dieses Flugzeug muss die Lufthansa faktisch Marktanteile auf den beflogenen Strecken erobern.

Mit dem Auto ist es vom Flughafen nur ein Katzensprung zu den beiden meist befahrenen Autobahnen unseres Landes, die am Flughafen vorbeiführen, sich in unmittelbarer Flughafennähe kreuzen und – A 5 – Hamburg-Basel sowie – A 3 – Köln-Würzburg-München verbinden.

Wie kommt der Flieger sicher nach Frankfurt?

Für die Kontrolle des deutschen Luftraumes ist die Deutsche Flugsicherung (DFS) verantwortlich, die zu 100% dem Bund gehört. Jeder Pilot, der nach Instrumentenflugregeln (IFR) im deutschen Luftraum unterwegs ist, unterliegt mit seinem Flugzeug der Kontrolle der DFS. Den Oberen Luftraum über 24.500 ft/7.500 m überwachen zwei UAC-Zentren – upper area control – in Karlsruhe und die Eurocontrol Zentrale Maastricht. Für den deutschen Luftraum unterhalb von 24.500 ft./7.500 m sind drei AAC – area control center – verantwortlich: Bremen, Langen bei Frankfurt und München.

Ein Flugzeug, das in Frankfurt landen will, übernimmt nach dem Absinken unter 7.500 m oder bei Flügen unterhalb 7.500 m der Streckenlotse des zuständigen AAC und führt es an das Flugziel – hier Frank-

Bremen, Karlsruhe, Langen bei Frankfurt und München sind Kontrollzentren der Deutschen Flugsicherung DFS. Sie dirigieren den Flugverkehr über Deutschland und auch die Anflüge auf die Flughäfen einschließlich Frankfurts.

furt – heran. Erreicht das Flugzeug den Kontrollbereich Langen mit dem größten Radarkontrollzentrum Europas übernimmt Langen die weitere Streckenführung bis zur Annäherung an den Flughafen. Unterhalb 800m übergibt der Streckenlotse das Flugzeug an »approach«, die An- und Abflugkontrolle. Dieser Lotse überwacht die korrekte Höhenstaffelung und den ausreichenden Sicherheitsabstand beim Anflug. Den unmittelbaren Flughafenbereich überwacht der Platzlotse im Tower, in Frankfurt im Süden des Flughafens. Er übernimmt – meist bereits mit Sichtkontakt – das Flugzeug, erteilt die Landegenehmigung und behält die Platzkontrolle bis zum Rollen auf das Vorfeld.

Auf größeren Flughäfen wie in Frankfurt steht ihm zusätzlich ein Bodenradar zur Verfügung, mit der die sichere Überwachung der Start-, Lande- und Rollvorgänge auch bei Schlechtwetter gewährleistet ist. Der Platz- oder Towerlotse dirigiert auch den Startvorgang. Wenn das Flugzeug startbereit ist übernimmt der Tower die weitere Führung auf dem Platz, weist für die Piloten Startverfahren und Startposition an (Nordbahn, Südbahn oder Startbahn West). Hat das Flugzeug die angewiesene Startposition erreicht, erteilt der Towerlotse die Startfreigabe. Bereits während des Abhebens gibt der Towerlotse die Abflugzeit in den Computer ein. Kurz darauf erscheint die Maschine auf dem Radarschirm des approach-Lotsen in Langen, der nun das Flugzeug wieder führt und es je nach Ziel in die entsprechende Luftstraße einfädelt. Den Streckenflug übernehmen dann wieder je nach Flughöhe die Streckenlotsen ACC oder UAC. Die DFS mit ihren 1.700 Lotsen kontrolliert pro Jahr etwa 3 Millionen Flüge über Deutschland. Man verfügt also über jede Menge Erfahrung in der Abwicklung des Flugverkehrs. Die Sicherheitsquote der in Deutschland von der DFS geführten Flüge ist so hoch, dass die DFS im Jahre 2000 den »Eagle Award« erhielt, die Auszeichnung für die beste Flugsicherung der Welt. Auch bei der Pünktlichkeit nimmt man eine Spitzenposition ein.

Mit höchster Konzentration bei der Arbeit: Fluglotsen im ACC Langen.

American

Big Business Cargo

Zwar ist der Anteil der Luftfracht am weltweiten Transportvolumen von der Menge her gesehen relativ gering. Aber – vierzig Prozent des Warenwertes aller Exportgüter weltweit kommen als Luftfracht zum Empfänger. Daraus folgt, dass insbesondere hochwertige Produkte und leicht verderbliche, teure Güter den Transportweg über den Wolken bevorzugen – von der Schweizer Luxusuhr oder deutschen Pkw-Nobelmarke bis zur Languste. Das durch die Luft beförderte immense Wertvolumen stellt besondere Ansprüche an Pünktlichkeit, Zuverlässigkeit und an die Sicherheit. Die Ladung eines Frachtflugzeuges kann Millionenwerte umfassen.
Da Cargo gleichzeitig zu den wachstumsstärksten Segmenten im Luftverkehr zählt, spielt dieser Faktor für die Bilanzen der Flughäfen eine wesentliche Rolle. Entsprechend ist der Wettbewerb unter den bedeutenden Flughäfen auf diesem lukrativen Sektor Hier kann Frankfurt mit seiner hervorragenden Position in Europa eine stolze Rechnung vorweisen. Jeder vierte Deutsche lebt vom Export – im Jahre 2007 betrug der deutsche Außenhandelsüberschuss 198,5 Milliarden Euro. Der Frankfurter Flughafen trägt zur positiven Exportbilanz und damit zur Prosperität der Exportnation Nr. 1 einen erklecklichen Teil bei.

AIR CARGO

Führend bei der Luftfracht

1975 übernahm erstmals Frankfurt auf dem Frachtsektor die »pole position« unter allen europäischen Flughäfen. Mit 562.702 t abgefertigter Fracht war man nun die klare Nr. 1 in Europa. Diesen Spitzenplatz konnte der Flughafen bis vor wenigen Jahren verteidigen. Der kontinuierliche Ausbau der Frachtkapazitäten sowohl bei der FAG bzw. Fraport als auch bei der Lufthansa führte zum Bau des Lufthansa Cargo Centers.

1979 wurde das Frachtzentrum Frankfurt vollendet, Beide Anlagen wurden kontinuierlich erweitert. 1995 begann der Bau der Cargo City Süd. Auf 36 ha Ex-Airbase-Fläche entstanden hier nach und nach über 7000 neue Arbeitsplätze. Die Cargo City Süd verfügt sogar über einen eigenen Gleisanschluss.

Im gleichen Jahr nahm das »Perishable Center« für leicht verderbliche Waren seine Arbeit auf. Die jährliche Kapazität liegt bei 200.000 t Obst, Gemüse, Blumen, Fleisch und Frischfisch. Es ist der größte Frischfischmarkt Deutschlands, da können die Seehäfen nur staunen. 1996 begannen die Bauarbeiten für das Cargo Center 2, das ab April 1997 den Betrieb aufnahm. Im Frachtbereich auf dem Frankfurter Flughafen waren zum 1. August 2001 im gesamten Cargo-Bereich (Nord und Süd) rund 10.000 Beschäftigte tätig, die im Jahre 2003 bereits 1,55 Mio t umschlugen. Der Frachtsektor wächst auch weiterhin stark, immer wieder sind die Kapazitäten an die ständig steigenden Tonnagen anzupassen. Mittlerweile hat sich der Anteil der reinen Frachtflugzeuge, der »Nurfrachter« beträchtlich erhöht, die gestiegene Auslastung der Passagierflugzeuge führte zu einer Verlagerung der Frachtmengen auf reine Frachtmaschinen wie die Boeing 747F oder die MD 11F. Im Jahre 1972 setzte die Lufthansa von Frankfurt aus als erste Fluggesellschaft einen Jumbo als reinen Frachter ein. Frachter befördern heute auf Rhein Main 59% der gesamten Luftfracht. Im Jahre 2007 ist der Luftfracht-Umschlag mit 2.196.000 t auf eine neue Rekordhöhe gestiegen. Frankfurt blieb zwar bei Cargo für lange Zeit die klare Nr. 1 in Europa, musste sich aber 2007 mit Platz 2 hinter Charles de Gaulle/Paris begnügen. Seit 1975 hatte sich das Cargo-Volumen am Frankfurter Airport vervierfacht.

Rangliste weltweit

Cargo in t (Airport Council International Stand 2007)		
1	MEMPHIS, TN (MEM)	3 840 574
2	HONG KONG, CN (HKG)	3 773 964
3	ANCHORAGE, AK (ANC)	2 826 499
4	SHANGHAI, CN (PVG)	2 559 310
5	SEOUL, KR (ICN)	2 555 582
6	PARIS, FR (CDG)	2 297 896
7	TOKYO, JP (NRT)	2 252 654)
8	FRANKFURT, DE (FRA)	2 169 025
9	LOUISVILLE, KY (SDF)	2 078 290
10	MIAMI, FL (MIA)	1 922 982
14	AMSTERDAM, NL (AMS)	1 651 385
18	LONDON, GB (LHR)	1 395 909

Der 747-Frachter hat zweifellos eine ziemlich große Klappe. Mit dem richtigen Hubwagen kann man ihm aber schnell den gierigen Schlund stopfen.

Lufthansa Cargo
Lufthansa Cargo

Lufthansa Cargo
Lufthansa Cargo
AMJ 33371 LH
AMJ 33335 LH

Die Entwicklung der Luftfracht am Flughafen Frankfurt	
1926	79 t
1936	801 t
1950	3652 t
1952	13.037 t
1975	550.000 t – Frankfurt übernimmt für lange Zeit den Spitzenplatz in Europa
1979	644.000 t
1984	773.000 t
1987	950.000 t
1994	1,28 Mill. t
2003	1,55 Mill. t
2007	2,190 Mill. t

Die Lufthansa wies den Weg. Sie setzte als erste Airline Nurfrachter – hier Boeing 747F – ein.

Die CargoCity Süd und ihre Nachbarn. Über allem thront der DFS-Tower.

In standardisierten Containern und Iglus macht sich die Luftfracht auf ihren Weg rund um die Welt.

Lufthansa

Der Börsengang: Aus FAG wird Fraport AG

Nach dem besten Jahr in der bisherigen Unternehmensgeschichte mit einem ausgewiesenen Gewinn von 252,3 Mill. DM in 2000 und der Umbenennung kam 2001 der Gang an die Börse, der Flughafen Frankfurt emittierte 29 % seines Grundkapitals für private und institutionelle Anleger.

Die zweitgrößte Neu-Emission in Deutschland erfolgte unter dem neuen Unternehmensnamen FRAPORT AG (Fraport AG Frankfurt Airport Services Worldwide). Der Bruttoerlös des Börsenganges betrug über 900 Mill. DM. Die Aktionärsstruktur am Frankfurter Flughafen stellte sich nun so dar:

Land Hessen	32,1 %
Streubesitz aus Börsengang	29 %
Stadt Frankfurt	20,5 %
Bund	18,4 %

Diese Aktionärsstruktur hat sich durch den Ausstieg des Bundes verändert. Heute ist als neuer Großaktionär die Lufthansa mit 9,96 % Aktienanteil hinzugekommen, ferner halten institutionelle Anleger und Banken weitere Aktienpakete, die etwa 20 % des Aktienkapitals ausmachen. Im Streubesitz befinden sich noch 17,8 % der Aktien. Die Mehrheit an Frankfurter Fraport aber bleibt auch langfristig in öffentlichen Händen.

Kommen, sehen, staunen – der Frankfurter Flughafen heute	
IATA-Code	FRA
Flugplatztyp	Verkehrsflughafen
Koordinaten	50°1'35" N; 8°32'35" O; 111 m ü. MSL (Mittlere Meereshöhe)
Entfernung zum Stadtzentrum	12 km südwestlich
Straße	Autobahn A3 u. A5 (Frankfurter Kreuz); Bundesstraße 43
Bahn	ICE, IC, EC, EN
Nahverkehr	Regio, S-Bahn (Linien S 8, S 9); Bus
BASISDATEN	
Eröffnung	8. Mai 1936
Betreiber	Fraport AG
Fläche	1940 ha
Terminals	2 (Terminal 3 in Planung)
Passagiere	54.167.817 (2007)
Luftfracht	2.190.461 t (2007) Angaben Fraport AG
davon Luftpost	95.168 t (2007)
Flugbewegungen	492.569 (2007)
Kapazität max.	56 Mill. (2008)
Beschäftigte	ca. 70.000
davon Fraport AG (mit Tochterges. u. Beteiligungen)	18.000
Start- und Landebahnen	07R/25L – 4000 x 45 x 15 m; Asphalt
	07L/25R – 4000 x 60 m; Asphalt
Startbahn	18 West – 4000 x 45 x 15 m; Beton
Landebahn Nordwest	2800 m (in Planung für Winterflugplan 2011/12)

»Das einzig Beständige ist der Wandel« formulierte dereinst der letzte Ritter, der Habsburger Kaiser Maximilian I. Wenn es einen Ort gibt, auf den das in herausragender Weise zutrifft, so ist das der Frankfurter Flughafen. Wenn man ihn einige Jahre nicht betreten hat, erkennt man ihn kaum wieder. Die Geschwindigkeit in dem auf dem Flughafen-Areal Veränderungen stattfinden ist geradezu verblüffend, was gestern geschah ist schon morgen überholt. Hier am größten deutschen Airport findet das

Exoten aus aller Welt – hier am Terminal 2. Bunter geht's nimmer.

Leben im Zeitraffer-Tempo statt, atemberaubend schnell wachsen neue Bauten in die Höhe, verändert sich das Gesamtbild, muss man verinnerlichtes schon wieder zu den Akten legen, verändern sich An- und Abfahrten. Nur eines ist unverkennbar und fast nur noch aus der Luft in seiner Gesamtdimension wahrnehmbar – das Wachstum am Flughafen. 1937 hatte Frankfurt erstmals Anschluss an Deutschlands Flughafen Nr. 1, Berlin-Tempelhof gefunden und lag deutschlandweit auf Platz 2. 1936 zählte man auf dem neuen Flughafen 58.010 Fluggäste, heute hat der Frankfurter Flughafen insgesamt 70.000 Beschäftigte (davon FRAPORT rund 18.000 lt. Geschäftsbericht 2007) und ist die größte Betriebsstätte in Deutschland sowie die unangefochtene Nr. 1 im Land, was Fluggastzahlen und Luftfracht anbelangt. Danach folgt München FJS im Erdinger Moos mit großem Abstand (über 33,9 Millionen Fluggäste).

150 Fluggesellschaften verbinden den Frankfurter Airport mit 307 Destinationen in 109 Ländern, pro Woche starten ab Frankfurt allein 990 Interkontinentalflüge, der Marktanteil des Flughafens am Interkont-Verkehr von und nach Deutschland liegt bei 65,5 %. Damit ist die Kapazitätsgrenze des Flughafens erreicht, Entlastung kann erst der projektierte und genehmigte Ausbau bringen. Die Inbetriebnahme der neuen Landebahn Nordwest ist für 2011 vorgesehen. Der Umsteigeranteil am Frankfurter Flughafen liegt derzeit bei 53 %, was nicht zuletzt durch den zentralen europäischen Standort Frankfurts innerhalb des weltgrößten airline-networks, der Star Alliance begründet ist, die 1997 in Frankfurt gegründet hier ihren Anfang nahm. Der Frankfurter Flughafen stellt für dieses Airline-network, das 1997 mit 5 Fluggesellschaften begann und in Europa unter Führung der Lufthansa operiert, den mit weitem Abstand wichtigsten hub-Airport (Knoten) des Kontinents dar. Die beiden anderen großen Wettbewerber, oneworld und sky team haben ihre zentralen Knoten in London (BA) sowie in Paris und Amsterdam (Air France/KLM). Der auf rund 20 Millionen Fluggäste projektierte Flughafen Berlin Brandenburg International wird nach seiner Eröffnung 2011 wie heute Berlin gesamt auf dem dritten Rang zu finden sein, ein weiteres Aufschließen dürfte angesichts der Rahmenbedingungen schwierig werden. Die jetzige Ausbauplanung des Frankfurter Flughafens rechnet mit Fluggastzahlen von 30 Millionen im Jahr 2015, für 2020 sind sogar 90 Millionen angepeilt. Damit dürfte sich Frankfurt auf der Welt- und Europarangliste weiter nach vorn schieben und in Deutschland weiterhin den uneinholbaren Spitzenplatz im Luftverkehr einnehmen.

Flughafen-Rangliste 1–10 weltweit		
(Airport Council International Stand 2007)		
1.	ATLANTA, GA (ATL)	89 379 287
2.	CHICAGO, IL (ORD)	76 159 324
3.	LONDON, GB (LHR)	68 068 554
4.	TOKYO, JP (HND)	66 671 435
5.	LOS ANGELES, CA (LAX)	61 895 548
6.	PARIS, FR (CDG)	59 919 383
7.	DALLAS/FT WORTH, TX (DFW)	59 784 876
8.	FRANKFURT, DE (FRA)	54 161 856
9.	BEIJING, CN (PEK)	53 736 923
10.	MADRID, ES (MAD)	52 122 214
Flughafen Rangliste Europa 1–7		
(Airport Council International Stand 2007)		
1.	London Heathrow	68 068 554
2.	Charles de Gaule	59 919 383
3.	Rhein Main	54 161 856
4.	Madrid	52 122 214
5.	Amsterdam	47 793 602
6.	London Gatwick	35 218 399
7.	München	33 959 422
Flughafen Rangliste Deutschland 1–10 Stand 2007		
163,5 Millionen Fluggäste deutschlandweit 2007		
1.	Flughafen Frankfurt (FRA)	54.161.856
2.	Flughafen München (MUC)	33.959.160
3.	Flughäfen Berlin (TXL/SXF/THF)	20.039.113
4.	Flughafen Düsseldorf (DUS)	17.831.248
5.	Flughafen Hamburg (HAM)	12.780.631
6.	Flughafen Köln/Bonn (CGN)	10.471.657
7.	Flughafen Stuttgart (STR)	10.321.438
8.	Flughafen Hannover (HAJ)	5.644.582
9.	Flughafen Nürnberg (NUE)	4.238.275
10.	Flughafen Hahn (HHN)	4.014.898

Internationale Airlines in Frankfurt

Von Aerolineas Argentinas bis Yemenia – über 125 Airlines fliegen heute den Frankfurter Flughafen an. An Internationalität ist FRA damit kaum zu überbieten, was sicher ganz entscheidend mit der deutschen Stellung als Exportnation und dem Drang der Deutschen in die Ferne zu tun hat. Das sind die Fluggesellschaften, die Frankfurt mit der ganzen Welt verbinden:

ANA All Nippon Airways
ASA African Safari
Adria Airways
Aegean Airllnes Athen
Aer Lingus
Aerolinas Argentinas
Aeroflot
Air Adriatic
Air Algerie
Air Astana Kazachstan
Air Baltic
Air Berlin
Air Canada
Air China
Air Dolomiti
Air France
Air India
Air Malta
Air Mauritius
Air Memphis
Air Moldavia
Air Namibia
Air One Italia
Air Plus Comet Espana
Air Transat Canada
Air Via Bulgaria
Albanian Air
Alitalia
American Airlines
Ariana Afghan Airlines
Arkia Israel Airlines
Armavia Armenien
Asiana Airlines Süd-Korea
Atlas Blue Marokko
Atlas Jet Airlines Türkei
Austrian Airlines Group
Avia Prad Russland
Avianca Kolumbien

B&H Airlines Bosnien Herzegowina
Belavia Bjelorus
Blue Panorama Airlines Italien
Blue Wings Deutschland
British Airways
British Midland International
Brussels Airlines
Bulgaria Air
Bulgarian Air Charter

CSA Czech Airlines
Carpatair Rumänien
Cathay Pacific Airways Hongkong
China Airlines
China Eastern Airlnes
Cirrus Airlines Deutschland
Clickair Barcelona

Eine Aufgabe fürs Rateteam – wo kommt denn dieser Vogel her? (Südafrika)

Condor
Continental Airlines USA
Croatia
Cyprus Airways

Delta Airlines USA
Dniproavia Ukraine

Egypt Air
El Al Israel Airlines
Emirates
Enkor Moskau
Eritrean Airlines
Estonian Air
Ethiopian Airlines
Etihad Airways Vereinigte Emirate
Eurowings

Finnair
Flybe UK
Freebird Airlines Türkei
Futura International Airways Espana

Georgian Airways
Gulf Air

Hamburg International

Iberia
Iceland Air
Inter Airlines Türkei
Iran Air

JAL Japan Airlines
JAT Airways Serbien

KLM Royal Dutch Airlines
Korean Air
Kras Air Krasnojarsk
Kuban Airlines
Kuwait Airways
Kyrgyzstan Air Company

LAN Airlines Chile
LOT Polish Airlines
LTU International Airways
Lithuanian Airlines
Lufthansa
Luxair

MAP Executive Flightservice
MEA Middle East Airlines
Malaysia Airlines
Malev Hungarian Airlines
Montenegro Airlines

Niki Luftfahrt GmbH
Nordic Leisure svenska
Northwest Airlines
Nouvelair Tunesie

OLT Ostfriesische Lufttransport
Odessa Airlines
Olympic Airlines
Omskavia Russland

PIA Pakistan International Airlines
Pegasus Airlines Türkei
Phillipine Airlines

Qantas Airways
Qatar Airways

Rossiya Russian Airlines
Royal Air Maroc
Royal Jordanian

SAS Scandinavian Airlines
SATA Internacional Portugal
Saravia-Saratov Airlines Russland
Saudi Arabian Airlines
Sibavia Trans Russland
Siberia Airlines Russland
Singapore Airlines
Sky Airlines Türkei
South African Airways
Spanair
Srilankan Airlines
Sun d'Or Israel
Sun Express Türkei
Swiss International Air Lines
Syrianair

TAP Portugal
TUIfly
Tarom Rumänien
Thai Airways International
Transaero Airlines Russland
Tuninter Tunesien
Tunisair
Turkish Airlines
Turkmenistan Airlines

US Airways
Ukraine International Airlines
United Airlines USA
Uzbekistan Airways

Vietnam Airlines

XL Airways Germany

Yemenia

Der neue C/D-Riegel – bereit für den Airbus A380

Am Frankfurter Flughafen ging zum Sommerflugplan 2008 nach einer Bauzeit von 20 Monaten ein neuer Terminalabschnitt mit einem Investitionsvolumen von 330 Millionen Euro in Betrieb. Er umfasste die Erweiterung der Halle C um 25.000 Quadratmeter sowie einen Verbindungsgang zu einem neuen Flugsteig, dem sogenannten C/D-Riegel. Der C/D-Riegel selbst bildet das Kernstück des neuen Terminalabschnitts und bietet drei Gebäudepositionen für das Großraumflugzeug A380. Insgesamt verfügt der C/D-Riegel über eine Geschossfläche von mehr als 32.000 Quadratmetern.

Im Terminal 1 wurde die Halle C so nach Osten – Terminal 2 – erweitert, dass hier künftig 40 neue Check-

Warten auf die ganz Großen – der neue C/D-Riegel mit seinen A380-Andockbrücken.

in Schalter Platz haben. Insgesamt sollen jährlich nun bis zu vier Millionen Passagiere zusätzlich über die Halle C abgefertigt werden können. Doch nicht nur die Kapazitätserweiterung ist beachtlich, auch architektonisch ist die Halle ein echter Höhepunkt. Die Check-in Schalter sind in zwei Ebenen angeordnet.
An den Erweiterungsbau der Halle C schließt sich der 320 Meter lange Verbindungsgang an, durch den die Passagiere über Laufbänder zu den neuen Gates im C/D-Riegel gelangen. Durch eine energiesparende Glasfassade blickt der Fluggast in Richtung Norden. Die südliche Vorfeldseite ist geschlossen. Auf dieser Seite des Verbindungsgangs werden im Rahmen der Rückverlagerung des Flugsteigs C in einem späteren

Die Wege werden länger und länger – schon das begrenzt die Ausbaumöglichkeiter.

Bauabschnitt ebenfalls neue, helle Gateräume und Gebäudepositionen für Flugzeuge entstehen.
Der C/D-Riegel verbindet die Terminals 1 und 2 miteinander und bietet vier neue Gebäudepositionen. Drei davon sind speziell für das Großraumflugzeug Airbus A380 vorgesehen, können aber auch von kleinerem Fluggerät genutzt werden. Mit Inbetriebnahme des C/D-Riegels hat am internationalen Luftverkehrsdrehkreuz FRA die Zukunft des Boardingprozesses begonnen. Erstmals können die Kabinen neuartiger Großraumflugzeuge wie Airbus A380 nun über zwei separate Ebenen betreten werden. Drei Fluggastbrücken pro Position bedienen das Hauptdeck und das Oberdeck der zweistöckigen A380. Großräumige Brückenbauwerke gewährleisten ein staufreies Bewältigen der Passagierströme sowohl beim Ein- als auch beim Ausstieg. Die offenen und somit beliebig unterteilbaren Gateräume des neuen Flugsteigs sind auf zwei Ebenen verteilt. In der unteren Ebene werden sich die Passagiere der Economy Class aufhalten. Die darüber liegende Ebene ist mit einer Senator Lounge für Fluggäste der First Class und mit loungeähnlichen Business-Gates ausgestattet.
Alle neuen Gates des C/D-Riegels werden exklusiv von der Deutschen Lufthansa genutzt. Die Fluggäste der größten deutschen Airline im neuen Terminalbereich des Frankfurter Flughafens genießen hier ab Inbetriebnahme ein international einzigartiges Top-Ambiente. Eine weitere Flugzeug-Abstellfläche am 1994 eingeweihten Frankfurter Terminal 2 präsentiert sich jetzt ebenfalls optimal vorbereitet auf den Super-Airbus: Die Position E2 ist ab sofort betriebsbereit mit einem Gateraum für bis zu 800 Passagiere und drei Fluggastbrücken (zwei für das Haupt- und eine für das Oberdeck des A380). Fraport investierte allein hier rund acht Millionen Euro. Zuvor bereits war 2005 die Position E9 an diesem Fluggastgebäude an die Dimensionen des neuen Großraum-Jets angepasst worden. Es folgte E4, wo der A380 im Frühjahr mehrfach vor seinen ersten Langstrecken-Testflügen mit vollbesetzter Kabine andockte.

Laufbänder verkürzen zwar die Strecken, aber viel Vorfreude kommt bei dieser Perspektive auch nicht gerade auf.

»Safety first!«

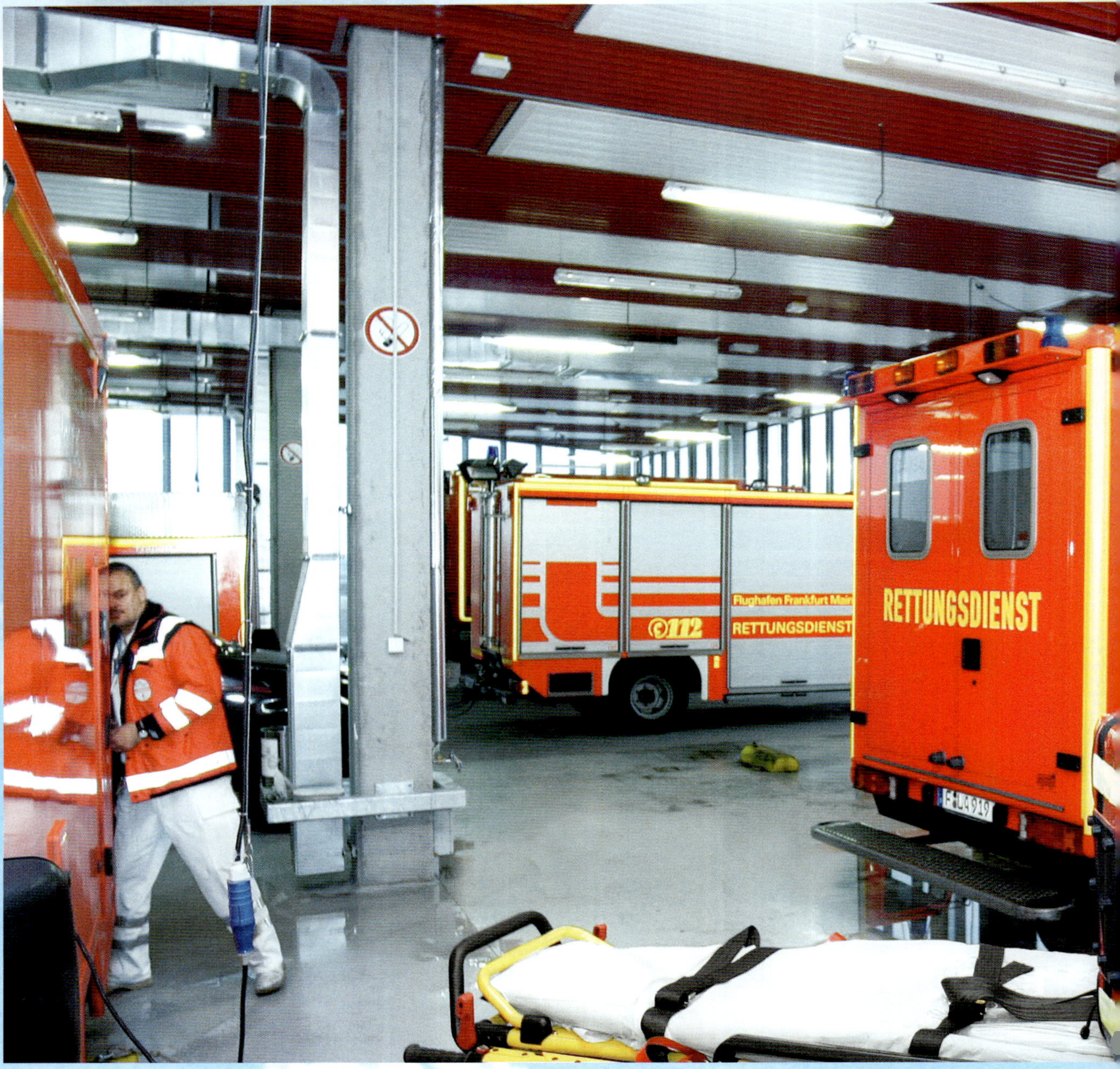

Am Flughafen ist man für alle Eventualitäten gerüstet – auch Flughafenklinik mit 24-Stunden-Abulanz und Rettungswagen stehen bereit.

Sicherheit an internationalen Flughäfen umfasst viele Aspekte. Da ist zum einen die Sicherheit der Fluggäste, die Kontrollen der Fluggäste und ihres Handgepäckes beim Einchecken erfordert. Ein Vorgang, den wohl jeder heutzutage kennt – mit Metalldetektor und Röntgenaugen. Auch das aufgegebene Gepäck muss sorgfältig kontrolliert werden. Dann die nationale Sicherheit, der Schutz vor unerwünschter Migration und Personenkontrollen. Zur Sicherheit am Flughafen gehören auch Aufgaben, die der Zoll übernimmt – bis hin zu Drogenfahndung und Markenpiraterie. Auch das geltende Recht gilt es zu schützen. Dazu kommen dann noch polizeiliche Aufgaben in vielfacher Hinsicht bis hin zur Terrorabwehr. Und auch für den Fall der Fälle gilt es gut vorbereitet zu sein – dazu gehört eine optimal ausgestattete Flughafen-Feuerbrigade und eine Flughafen-Klinik.

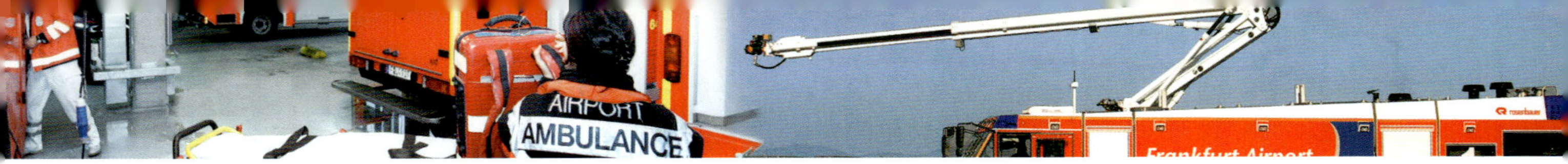

Deutschlands »heißeste« Feuerwehr

Wohl keine andere Feuerwehr erreicht im Sprint Bestzeiten wie die Frankfurter Flughafenfeuerwehr: Internationale Richtlinien schreiben vor, dass die Feuerwehr innerhalb von drei Minuten an einem brennenden Flugzeug eintreffen muss. Diese Norm erfüllen andere Flughäfen auch – allerdings umfasst das Airport-Areal in Frankfurt 19 Quadratkilometer und man ist auch noch ehrgeizig. Gemeinsam mit der Schweizer Rosenbauer AG, einem Hersteller von Spezialfahrzeugen, entwickelten FAG und Schweizer Hersteller die modernsten Löschfahrzeuge der Welt für Großflughäfen. Und verkürzten mit der SIMBA-Flotte die Eingreifzeiten auf zwei Minuten! Der Frankfurter Flughafen verfügt heute über drei Feuerwachen und 55 Einsatzfahrzeuge, darunter auch zehn Fahrzeuge der SIMBA-Typen. Ihre Leistungsdaten verblüffen:

Vierachsiger Simba 8x8 mit Air Canada 747-400 im Steigflug. Der Teleskoparm erhöht die Reichweite der Simba-Ladung.

Die Löschflotte	
5 x GFLF* Rosenbauer Simba 8x8 4-achsig	5 x GFLF Rosenbauer Simba 6x6 3-achsig
1.250 PS	816 PS
11,5 t Wasser	8,5 t Wasser
1,2 t Schaummittel	1 t Schaummittel
2,0 t Löschpulver	500 kg Pulver
Pumpenleistung 7 t pro Minute	Pumpenleistung 7 t pro Minute
Reichweite Wasserwerfer: 75 m	Reichweite Wasserwerfer 75 m
Gewicht 45 t	Gewicht 32 t
Beschleunigung: 25 s von 0 auf 80 km/h	Beschleunigung: 23 s von Null auf 80 km/h
Höchstgeschwindigkeit 125 km/h auf gerader Strecke	Höchstgeschwindigkeit 125 km/h auf gerader Strecke
* GFLF = Großflughafenlöschfahrzeuge	
Zum Fuhrpark gehören weitere Sonderfahrzeuge für den Gebäudebrandschutz, Rettungsdienst, Einsatzleitung sowie Sonderfahrzeuge für spezielle Einsatzzwecke.	

Ein eigener Geräte- und Fahrzeugpark steht für die Flugzeugbergung bereit. Die Flughafenfeuerwehr beschäftigt auf dem Frankfurter Flughafen insgesamt 226 Personen in zwei Wachschichten. Sie verfügt zum Training über einen eigenen Brandsimulator. Neben den mobilen Einsatzfahrzeugen für die verschiedenen Einsatzzwecke steht auch noch ein umfangreiches Repertoire an stationären Anlagen zur Verfügung – dazu gehören Sprinkler, Schaumlöschanlagen, Gaslöschanlagen. Pulverlöschanlagen, Hydranten und Handfeuerlöscher (8.500). Auf dem Flughafen Frankfurt sind rund 50.000 Feuermelder installiert. Feuer ist nun einmal der gefährlichste Feind des Luftverkehrs, doch die Feuerwehr auf Rhein Main brauchte bisher nur in wenigen kritischen Ernstfall-Situationen auszurücken, Brandkatastrophen blieben dem Flughafen bisher erspart. Setzt man das in eine Relation zu den Flugbewegungen kann man ermessen, wie es mit der Sicherheit im Luftverkehr außerhalb der Schlagzeilen wirklich bestellt ist und begründet Entwarnung geben.

Flugbewegungen Frankfurt 2007: 492.562
Flugbewegungen täglich: 1350
Spitzenwert 2007: 1474
(Starts und Landungen am 14.9.2007.)

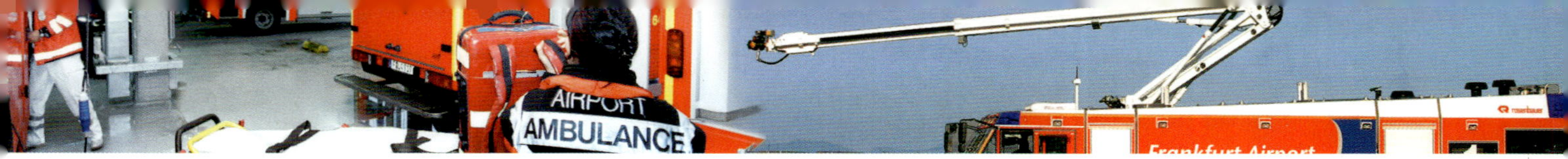

Nur geprüftes Gepäck kommt an Bord. Wo der Passagier fehlt, bleibt der Koffer am Boden. Sicherheit im Luftverkehr ist heute höchstes Gebot – nicht nur am Frankfurter Flughafen.

Mehr Sicherheit beim Einsteigen

Das Überprüfen der Fluggäste und ihres Handgepäcks an den Gates ist eine zwingende Voraussetzung, um ein Flugzeug betreten zu können. Für diese Fluggastkontrollen sind in Frankfurt deutlich mehr als 1.000 Mitarbeiter von Fraport im Einsatz.

Unabdingbar für die Sicherheit von Flügen ist auch eine sorgfältige Identifizierung des aufgegebenen Fluggepäcks. Eine der Sicherheitsmaßnahmen besteht im Zuordnen des Gepäcks zu den Passagieren. Hierfür hat man gemeinsam mit der Lufthansa ein »Baggage Reconciliation System«* entwickelt, das sicherstellt, das zu jedem Gepäckstück auch ein Passagier gehört. Fehlt ein Fluggast, für den ein Gepäckstück aufgegeben wurde kommt dieses Gepäck nicht an Bord. Es wird nach dem automatischen Erkennen umgehend wieder ausgeladen.

*BRS – Gepäckabgleichssystem

Polizei

Auf dem Frankfurter Flughafen sind sowohl die Bundespolizei als auch die hessische Polizei mit einer eigenen Direktion vertreten. Das Bundespolizeiamt Flughafen Frankfurt/Main ist heute der viertgrößte Arbeitgeber am Airport, noch vor dem internationalen Postzentrum. Die Bundespolizei hat am Flughafen die folgenden Aufgaben:

a) Grenzpolizeiliche Aufgaben
- Personenkontrolle gemäß Schengener Grenzkodex
- Verhinderung der unerlaubten Migration
- Grenzfahndung
- Asyl-/Flughafen-Verfahren
- Rückführung von Ausländern auf dem Luftweg
- Dokumentenberatung Ausland

b) Luftsicherheitsaufgaben
- Posten- und Streifeneinsatz
- Personen- und Gepäckkontrolle
- Personalkontrollen
- Schutzmaßnahmen aus besonderem Anlass
- Maßnahmen bei Bombendrohungen und nichtzuzuordnenden Gegenständen
- Flugsicherheitsbegleitung

Das Hauptzollamt

Das Hauptzollamt Frankfurt/Main-Flughafen hat die Aufgabe, den grenzüberschreitenden Waren- und Personenverkehr zu überwachen und abzufertigen. Zu den Nebenaufgaben zählen die Überwachung von Artenschutzabkommen und der Verletzung von Rechten durch Markenpiraterie. Weitere Aufgabe ist die Bewilligung und Überwachung von besonderen Zollverkehren. Verschärfte Aufmerksamkeit gilt dem sensiblen Thema »Drogen«. Diese Aufgabe übernehmen Mitarbeiter auf vier Beinen ohne Uniform – die Rauschgiftspürhunde. In jüngerer Zeit spielen auch gefälschte Potenzmittel aufgrund der großen Verdienstmöglichkeiten eine zunehmende Rolle bei den »gefakten« Markenwaren. Derartige Plagiatpillen zieht der Frankfurter Zoll bereits auf dem Flughafen aus dem Verkehr.

Frankfurter Airportcenter

Es liegt in der Natur von Flughäfen, dass sich hier viele Menschen treffen – z. B. auch für Besprechungen und Konferenzen. Im Frankfurter Airport Center 1 vor dem Terminal 1 oder im FAC II, das mit dem Terminal 2 entstand und in das neue Terminal integriert ist, stehen Büro- und Konferenzräume in großer Zahl zur Verfügung, haben internationale und lokale Unternehmen mit weltweiten Verbindungen Flächen angemietet. Seit 1988 bietet das Airport Center 1 interessierten Firmen 48.000 qm multifunktionale Räume für ihr Domizil direkt am Flughafen.

Für alle, die am Flughafen tagen wollen bietet das Airport Conference Center (ACC) fortschrittliche Kongress- und Kommunikationstechnik. 36 Konferenzräume (4-180 Personen) stehen für Kongresse, Tagungen

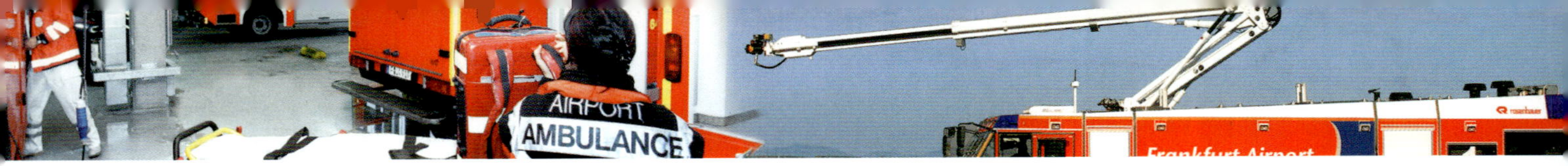

Lobby im Sheraton Hotel direkt am Terminal 1. Auch Headhunter lassen sich hier gern blicken, kurze Strecken sparen Zeit.

LSG SkyChefs ist weltweit der größte Airline-Caterer und eine Tochter der Lufthansa. Hier am Airport gehören die haute cuisine-Caterer zu den größten Arbeitgebern, weltweit beliefert die Gesellschaft Kunden auf allen Kontinenten.

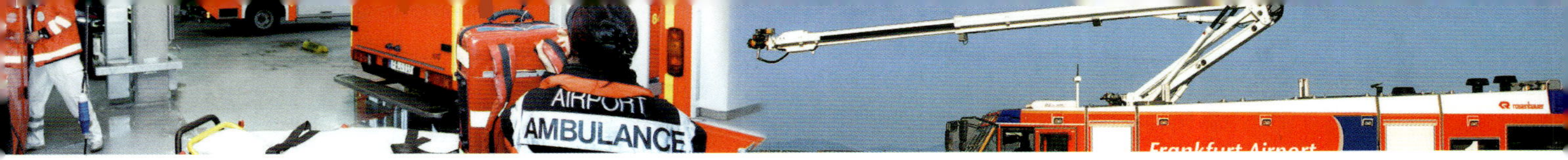

und Präsentationen bereit. Auch in den umliegenden Hotels direkt am Flughafen kann man meetings und Besprechungen organisieren.

So mancher Geschäftsreisende kommt nur für eine Besprechung oder Konferenz nach Frankfurt und fliegt unmittelbar danach wieder zurück. Übernachten ist oftmals nicht nötig, die Tagesrand- und anderen Verbindungen gestatten einen Kurzausflug, der termingehetzten Managern entgegenkommt. Insgesamt 200 Konferenzräume stehen am Flughafen zur Verfügung, ein großer Teil davon in den drei Flughafen-Hotels.

Die größten Betriebe am Frankfurter Flughafen

Deutsche Lufthansa AG	35.000
FRAPORT AG	18.000
LSG Sky Chefs	2.500
(Gateway Gardens + 1.500 Neu-Isenburg)	
Bundespolizei	2.000
Internationales Postzentrum/ACF	1.700

Insgesamt haben ca. 500 verschiedene Arbeitsstätten und Betriebe am Flughafen ihren Sitz.

Die Flughafen-Hotels

Zwar kommt der Frankfurter Flughafen nie zur Ruhe, der Fluggast oder Besucher aber kann sich in den direkt am Flughafen angesiedelten Airport-Hotels eine Auszeit nehmen.

Höchsten Komfort bis zum größten Luxus bieten das direkt am Terminal 1 lokalisierte Sheraton und das in unmittelbarer Nähe befindliche Steigenberger Airport Hotel. Wer mit vier Sternen zufrieden ist bucht das Intercity Hotel Frankfurt Airport im Süden des Flughafens, das direkt an der Cargo City Süd angesiedelt ist. Insgesamt rund ein Dutzend Hotels im Umfeld unterhalten einen shuttle-Service zum Airport an, es ist also kein Problem sich vorübergehend zur Ruhe zu setzen – oder auch zu legen. In Frankfurt ist man Gäste gewohnt – seit Jahrhunderten zieht die alte Messestadt Besucher von nah und fern an. Der Flughafen mit seinen Sterne-Hotels ist Teil der umfangreichen Hotel- und Gastronomie-Palette der Mainmetropole. Wie schon angesprochen verfügen die Airporthotels über eine große Anzahl an Konferenzräumen, Spitzenreiter ist hier wiederum das Sheraton mit 54 Konferenzräumen, es folgen Steigenberger mit 36 und Intercity mit 25 Tagungs- und Besprechungsräumen.

»Platzhirsch« unter den Airport-Hotels. Das Sheraton der Starwood-Gruppe entstand beinahe zeitgleich mit dem Terminal 1.

FRANKFURT SHERATON H

Die Rhein-Main-Airbase: Unter Ausschluss der Öffentlichkeit

Als im Frühjahr 1945 die Amerikaner nach Frankfurt kamen war die Stadt vollständig zerstört, der Flughafen ein Trümmerfeld. Schon im Mai 1945 hatten erste Aufräumungsarbeiten begonnen, Offiziell ordneten die Amerikaner am 28. Februar 1946 den erneuten Aufbau des Frankfurter Flughafens an. Es entstand die Rhein-Main Airbase für die US-Airforce. Schon im Lauf des Jahres 1946 waren die Aufräumungs- und Aufbaumaßnahmen soweit gediehen, dass die Amerikaner mit ihren Maschinen einen begrenzten Luftverkehr wieder aufnehmen konnten. Während der Berlin-Blockade 1948/49 bestand der Frankfurter Flughafen, der die Hauptlast der durch die Korridore beförderten Transportmengen zu bewältigen hatte, seine erste Feuerprobe nach dem Kriege. Der mit der Luftbrücke einsetzende »Kalte Krieg« machte die neue »Bundesrepublik Deutschland« nun zum Vorposten amerikanischer Interessen am »Eisernen Vorhang«.

Während im Osten die sowjetischen Divisionen ihre Ausgangspositionen an die Grenze verlegten und

Hochsicherheitszone – die Airbase auf Rhein Main. *»Your permit please!«*

modernste Waffentechnik erhielten, lief auf der westlichen Seite der deutsch/deutschen Grenze ein sehr ähnlicher Film ab. Was genau die Amerikaner mit ihren großen Maschinen zwischen den Vereinigten Staaten und ihrem deutschen Ableger hin und her transportierten, hingen sie nicht an die große Glocke – sicher aus sehr guten Gründen. Nur selten drangen verwegene Meldungen über dubiose Machenschaften auf US-Flugbasen in Deutschland an die Öffentlichkeit. Mit der Gesundung der amputierten Restrepublik wuchs für die Amerikaner ein wertvoller Partner und Verbündeter heran, der durch Wirtschaftswunder und Wachstum auch über genügend Geld für die Anschaffung von Kriegsgerät in der Kasse verfügte. Die Bundesrepublik fand Aufnahme in die NATO, vorsorglich wurde die neue Bundeswehr unter den Oberbefehl derselben gestellt. Das ist bis heute so, Souveränität hin, Souveränität her. Man war zunehmend auch an einem guten Verhältnis zur Bevölkerung interessiert und bemühte sich um Öffentlichkeitsarbeit

Besucherandrang beim »Tag der Offenen Tür« auf der Airbase. Die F-15 kamen aber nur zu diesem Anlass und änderten wenig an der Geheimniskrämerei.

und Sympathien bei den Deutschen. Dazu dienten wie in Berlin Tage der offen Tür und ähnliche Veranstaltungen, bei denen die US-Brigaden das zeigten, was sie zeigen wollten. Viele Aktivitäten aber blieben im Verborgenen, die Air Base war eine Grauzone mit viel Raum für Vermutungen aller Art. Man wusste oder ahnte zumindest, dass sowohl im Osten wie im Westen Atomwaffen für den Fall der Fälle einsatzbereit gehalten wurden – wenn auch nicht von den Deutschen, weder hüben noch drüben. Wie nun genau solche brisanten Massenvernichtungswaffen ihren Weg aus den US-Fabriken beispielsweise in den verdächtigten Vogelsberg gelangten, blieb den Deutschen einschließlich ihrer Behörden überwiegend verborgen. Und das ist nicht alles, worüber auf deutscher Seite

Lange Jahre prägten die C-141 »Starlifter« das Bild auf der US-Luftwaffenbasis.

niemand etwas Genaues wusste. Welche Versorgungsflüge von Rhein Main zu den ständig wechselnden Kriegsschauplätzen der Amerikaner weltweit ihren Weg nahmen, welche Gefangenen, Kuriere, Spione usw. usf. ohne deutsches Wissen und ohne Rückfrage ihren Weg über Rhein-Main nahmen, wird für Anwohner und Öffentlichkeit wohl immer ein Geheimnis bleiben, das nun woanders hin mitgenommen werden soll.
Hierzu ist bei den Amerikanern gegenüber ihrem »Gastland« keinerlei Mitteilungsbedürfnis zu erkennen. Zur Airbase gehörten zeitweilig bis zu 9000 Soldaten mit ihren Angehörigen, 1995 sank die Zahl auf nur 3000 Personen (einschl. Angehörige), einige Einheiten zogen um nach Ramstein.
Die Airbase war aber keineswegs nur Domäne für US-Transportstaffeln. Bekannt sind Spionage-

einsätze mit U 2-Flugzeugen in den 50er Jahren zur Observierung über der Sowjetunion. Dass die Bundesrepublik mit der Zulassung solcher Spionageflüge nicht gerade Sympathien bei den Sowjets – die derlei Aktivitäten natürlich sehr gut kannten – sammeln konnte, versteht sich von selbst

Ramstein statt Rhein-Main – die Amerikaner ziehen ab

1993 gelang der Flughafen AG ein lang ersehnter und teurer »Coup« für den kommenden Ausbau der zivilen Aktivitäten auf dem Flughafen. Die Amerikaner wollten grundsätzlich die Flächen der Airbase an die FAG zurückgeben, schon 1994 wechselten die ersten 31,2 ha am 31. März den Besitzer. Damit wurden die Voraussetzungen für die Cargo City Süd, für die Verlagerung des Towers und des allgemeinen Luftverkehrs geschaffen. Am 23. Dezember 1999 vereinbarten die Beteiligten die Rückgabe der noch ausstehenden 155 ha. Die FAG griff tief in die Tasche und übernahm mit 250 Millionen DM den Großteil der Umzugskosten nach Ramstein und Spangdahlem.

Nach Landtagsangaben lagen die Summen für den Umzug noch etwas höher, woraus die Unterschiede

Zum Starten und Landen – hier eine C-17 Globemaster III auf der Startbahn West – nutzten die Amerikaner die gleichen Rollbahnen wie der zivile Luftverkehr.

Die Airbase war im besten Falle eine »Grauzone« – vieles blieb wie auf dem Bild nebulös. Vorn rechts ist eine mächtige Lockheed-Martin C-5 »Galaxy« zu erkennen.

Noch einmal die C-5 »Galaxy«, das größte Transportflugzeug der US-Airforce. Auch diese Giganten waren Stammgäste auf Rhein-Main.

in den Zahlen resultieren erschließt sich nicht. Was die US-Luftwaffe mit dem Geld im Detail machte, ob es sich nun um 250 gemäß den Fraport-Angaben oder 372 Millionen lt. der hessischen Landesregierung handelte bleibt offen – ihre Lufttransportkapazitäten jedenfalls wollten die Amerikaner im gleichen Umfang in Deutschland beibehalten. Damit Ramstein und Spangdahlem die zusätzlichen Transportgeschwader und -volumen bewältigen konnten, war im Rahmen des Rhein-Main Transition Programs ein Ausbau der beiden Stützpunkte unerlässlich. Die Geldgeber für diese Maßnahmen hießen Fraport, die Bundesrepublik Deutschland sowie die Bundesländer Hessen und Rheinland-Pfalz. Zwei Drittel des ehemaligen Rhein-Main Transportvolumens übernimmt Ramstein, ein Drittel Spangdahlem. Was die Airforce bei ihrem Umzug alles mitnahm und auch was sie genau zurückließ bleibt im Dunkeln. Das Mitteilungsbedürfnis der US-Luftwaffe ist in solchen Fragen eben nicht sehr ausgeprägt. Immerhin ist die Fraport AG aber jetzt der alleinige Herr auf dem Flughafengelände.

Frankfurt Hahn im Hunsrück. Die Tochter mit den vier Millionen

Die Franzosen hatten während ihrer Besatzungszeit nach dem Krieg begonnen, auf einer Hochfläche im Hunsrück einen Militärflughafen einzurichten, den 1952 die US-Airforce übernahm und hier ihre Jägerstaffeln stationierte. Mit 13.000 US-Soldaten entwickelte sich Hahn zur zweitgrößten Luftwaffen-Basis

Für Ryanair aus Irland (die Maschinen im Hintergrund) spielt der Flughafen Hahn eine Schlüsselrolle auf dem Kontinent und dient als Knoten – englisch »hub« – für das eigene Streckennetz.

Klein wenn auch mit großem Bruder. Totale des Flughafens Hahn im Hunsrück.

Mit einer Länge von 3800 m ist die Rollbahn in Hahn jedem Flugzeugtyp gewachsen.

Hahn bietet zusätzliche Kapazitäten sowohl im Passage- als auch im Frachtsektor. Hier rollt ein 747 Frachter von Emirates durch den Hunsrück. Die Container warten schon.

in Deutschland. Nach dem Einsatz der F-16 Maschinen im Irak-Krieg 1991 kehrten die Kampfflugzeuge direkt in die USA zurück – Hahn wurde nicht mehr gebraucht. 1993 übernahm das Land Rheinland-Pfalz auf dem Gelände die Oberhoheit. Als Partner für die Konversion in zivile Nutzung bot sich der 120 km östlich gelegene, überlastete Frankfurter Flughafen an. Als Mitgift brachte Hahn eine 24-stündige Betriebsgenehmigung mit Nachtflug-Erlaubnis in die Verbindung ein.

Werbewirksam in Frankfurt-Hahn umbenannt nahm der nunmehrige Zivilflughafen 1999 den Flugverkehr auf, Ab 1999 ist hier vor allem der irische lowcost-

Die Antonov An 225 ist das größte Transportflugzeug der Welt mit vielen Rekorden. Sechs Triebwerke, 88,4 m Spannweite, 84 m Länge. Das einzige bisher fertiggestellte Exemplar hier im Nachtbetrieb auf dem Flughafen Hahn.

Carrier RyanAir zu Hause, der von Hahn aus täglich 50 Verbindungen zu 40 Destinationen anbietet. Für Ryanair ist Hahn der drittgrößte hub-Flughafen in Europa.

Hahn bietet trotz der großen Entfernung zum Mainmagneten Kapazitätsreserven, so wurde im Jahr 2007 die Start- und Landebahn auf 3800 m verlängert und eignet sich nun auch für vollbeladene Langstreckenmaschinen.

Die im Cargo-Geschäft sehr aktive Tochter registrierte im Jahre 2007 eine Fracht-Tonnage von 110.000 t, Tendenz steigend.

Mit CAT IIIa – Entscheidungshöhe 15–30 m, 200 m Erdsicht – verfügt Hahn über gute Voraussetzungen auch als Ausweichflughafen für Rhein-Main. Fraport hält am Flughafen Hahn rund zwei Drittel des Kapitals, die Beschäftigtenzahl liegt derzeit bei rund 350 Personen, die Passagierzahlen überschreiten mittlerweile die 4-Millionen-Grenze (4.014.246). Mit der Einführung des Nachtflugverbotes nach dem Ausbau des Flughafens in Frankfurt steigen die Chancen im Hunsrück, dem Mehrheitsgesellschafter am Main größere Frachtmengen vor allem in den Nachtstunden abzunehmen.

Shop around the clock

Vagabundierende Kaufkraft findet am Frankfurter Flughafen ein wahres Eldorado. Allein 88 Geschäfte, davon 17 Duty-free- und Travel Value-shops erleichtern die Tren-

Montage des zukünftigen AirRail-Centers auf der »Platte« des Fernbahnhofs. Die Bauarbeiten laufen schon.

nung von überflüssigen Zahlungsmitteln, die zollfreien Einkäufe sind aber nur für Auslandsfluggäste erreichbar. Neben den 88 Läden – darunter sehr exklusive Premiummarken – warten auch über 120 gastronomische Betriebe und Dienstleister der unterschiedlichsten Art auf Kunden und Gäste. Die Pachteinnahmen der gewerb-

Am AirRail-Center wird mit Hochdruck bis in die Nachtstunden gearbeitet, der enge Terminplan mit den ersten Mietern ab 2009 verlangt vollen Einsatz.

lichen Mieter machen einen erheblichen Teil der Fraport-Einkünfte aus, das Immobiliengeschäft bringt heute schon die Hälfte des gesamten ausgewiesenen Gewinnes auf, auch der Flughafenbetreiber kommt beim shopping am Airport auf seine Kosten. Da Ladenschlusszeiten am Flughafen nahezu bedeutungslos sind und das Angebot zudem ein riesiges Spektrum nicht nur an Luxusgütern, sondern auch an Gütern des täglichen Bedarfs beinhaltet, zählen nicht nur Fluggäste zu den gern gesehenen Kunden. Auch aus der Region und aus Frankfurt selbst kommt so mancher, der abends oder am Wochenende noch etwas ganz dringend braucht, zum nahe gelegen Einkaufszentrum Flughafen.

Das AirRail-Center

Für die nähere Zukunft ist das Überbauen des Fernbahnhofes vorgesehen, die Bauarbeiten haben bereits im Juli 2007 begonnen und schreiten zügig voran. Auf acht Etagen sollen Büros, Hotels, Läden und Restaurants entstehen – eine riesige Einkaufs- und Bürolandschaft ergänzt die schon vorhandenen Einrichtungen.

Zu den neuen Mietern wird auch ein Hotel der Hilton-Gruppe gehören. Mit dem AirRail-Center erweitert sich die Einzelhandelsfläche am Frankfurter Flughafen mit einer Sondergenehmigung aus Wiesbaden auf insgesamt 20.000 qm.

Das AirRail Center, das manchen von der Form entfernt an einen Zeppelin erinnert, wird auf der »Platte« errichtet, die den Fernbahnhof überdacht. Mit einer Länge von 660 Metern und einer Breite von bis zu 65 Metern erreicht das Gebäude enorme Ausmaße, 660 Mill. Euro beträgt das Investitionsvolumen für das Projekt. Schon 2009 sollen die ersten Mieter einziehen, für 2010 ist die Fertigstellung des Gesamt-Bauwerkes vorgesehen. Es entstehen:

- 94.500 m^{2}Bürofläche
- 34.500 m^2 Hotelfläche
- 5.900 m^2 Einzelhandels- und Gastronomiefläche
- 4.200 m^2 Lager- und Archivfläche
- 13.000 m^2 begrünte Atrien
- ca. 600 PKW-Stellplätze

Die Netto-Mietfläche beläuft sich auf 140.000 m^2.

Nachts eine weitere Attraktion auf Rhein Main – das neue Air-Rail-Center lockt. Ob Paris dann hier wieder eine Flughafen-Disco bekommt?

So soll das zukünftige Hilton Hotel nachts den Weg weisen. Frankfurt erhält damit ein weiteres Luxushotel der Ersten Kategorie (Fotomontage).

Hilton
Hilton
Garden Inn

Der mächtige Nachbar: Willkommen bei Kranichs

1960 begann für die Lufthansa das Jet-Zeitalter. Das hatte Folgen für die gesamte Ausrichtung des Unternehmens. Hamburg, jahrelang Ausgangspunkt der Langstreckenflüge der Gesellschaft, entwickelte sich nun zur immer weiter ausgebauten Überholungswerft für Flugzeuge, Triebwerke und Geräte. Frankfurt wuchs in die Rolle einer europäischen Drehscheibe und mauserte sich zum operativen Zentrum des Lufthansa-Streckennetzes weltweit. Frankfurt übernahm auch die Aufgabe als Wartungszentrum für den täglichen Wartungsbetrieb an den Flugzeu-

Lufthansa-Airbusse am Terminal 1 in Reih und Glied. Die Kranich-Linie gehört zu den größten Fluggesellschaften der Welt. Mehr als 400 Flugzeuge tragen ihr Logo rund um den Globus.

gen und die Routine-Checks an den Maschinen. Die großen Instandsetzungen und Grundüberholungen blieben in Hamburg. Frankfurt wurde jetzt Heimatflughafen der gesamten Lufthansa-Flotte, die sich immer stärker auf Jets ausrichtete, damals vor allem von dem langjährigen Hauslieferanten Boeing. Im Verwaltungsgebäude auf der Lufthansa-Basis Frankfurt werden seither alle Lufthansa-Flüge weltweit und die der Tochtergesellschaften organisiert und gesteuert, das Nervenzentrum der deutschen Fluglinie.

Leitstand Lufthansa Operating im nahen Kelsterbach.

Schmetterlingshalle kurz vor ihrem Abriss. Davor eine 737 unter den gestrengen Blicken eines Technikers.

Am 29. März 1960 nahm die wegen ihrer Form so genannte »Schmetterlingshalle«, zu dem Zeitpunkt größte und modernste Flugzeughalle Europas, den Inspektionsbetrieb auf. Mit ihren 176 m Länge, 16 m Höhe und 56 m Breite präsentierte sich das neue Bauwerk aus Stahlbeton seinen Betrachtern als imposante Erscheinung. In der Doppelhalle hatten jeweils 6 Düsenflugzeuge nebeneinander Platz. Als am 26. April 1970 der erste Großraum-Jet Boeing 747 für die Lufthansa den Dienst ab Frankfurt auf der Nordatlantikstrecke aufnimmt, wurde es Zeit für weitere Bauaktivitäten, denn in die Schmetterlingshalle passte der Gigant nun einmal nicht hinein.

Schon im Oktober 1970 kam eine weitere Wartungshalle auf der Lufthansa-Basis hinzu – die Halle 5, auch Jumbo-Halle genannt. Für die Ausführung der riesigen Spannbetonkonstruktion benötigten 350 Bauarbeiter 43.000 t Beton und 5.200 t Stahl. Die Dimensionen des Hangar V übertrafen alles bisher da gewesene: Zur Zeit der Einweihung war sie mit 321 m Länge und 100 m Tiefe die größte Flugzeugwartungshalle der Welt und bot Platz für sechs Großraumflugzeuge, denn mittlerweile war klar, dass auf den Langstrecken die Großraum-Flugzeuge dominieren würden. Bei der Lufthansa gesellte sich ab 1974 die McDonnell Douglas DC-10 zum Jumbo, schon 1972 war die Entscheidung gefallen, den europäischen Airbus A300 zu kaufen. Damit war das Boeing Monopol in der Lufthansa-Flotte aufgeweicht, drei Hersteller belieferten nun die deutsche Gesellschaft. Am 31. März

Auf dem Cargo-Sektor kommt bei der Lufthansa auch die MD 11F als Nurfrachter global zum Einsatz. Diese von der DC-10 abgeleitete Maschine baut heute Boeing. Die MD 11F verfügt über eine etwas geringere Frachtkapazität als die 747F, ist aber flexibler einsetzbar.

1971 ging bei der deutschen Airline der letzte Propeller in den Ruhestand, die Vickers Viscount 814 wurde ausgemustert. Von nun an bestand die Flotte nur noch aus Jets. Doch nicht nur der Wartungsbetrieb der Lufthansa wuchs in Frankfurt.

Schon 1971 nahm die Fluglinie aufgrund des enormen Wachstums auf dem Cargo-Sektor ihren Frachthof 3 am Frankfurter Flughafen in Betrieb. Auch dieser Bau konnte sich sehen lassen und war zu dieser Zeit die größte Luftfrachthalle der Welt. Doch das Wachstum des mächtigen Nachbarn sollte sich weiter fortsetzen. 1978 erfolgte die Grundsteinlegung für das Lufthansa Cargo Center (LCC) auf dem Frankfurter Flughafen. Fracht – die Lufthansa war auch die erste Fluggesellschaft der Welt, die den Boeing Frachter 747-F ab 1972 einsetzte. Natürlich ab Frankfurt. Im Februar 1982 nahm das LCC als größtes Frachtzentrum der Welt seinen Dienst auf.

Fünf Sterne für die Star Alliance

Am 14. Mai 1997 fiel in Frankfurt der Startschuss für die »Star Alliance«, eine weltweite Allianz von Fluggesellschaften. Mit fünf Gesellschaften begannen die gemeinsamen Aktivitäten, es werden viele weitere Partner folgen und die Star Alliance zum weltgrößten Bündnis von Linienfluggesellschaften machen. Am Anfang standen Air Canada, Lufthansa, SAS, Thai International und United Airlines.

Der rote Teppich für die fünf Gründungsmitglieder der Star Alliance ist in Frankfurt ausgerollt, die Allianz kann abheben.

UNITED AIRLINES
SCANDINAVIAN
SAS
Thai
HS-TGP

Der Frankfurter Flughafen als Heimathafen der Lufthansa profitierte von dieser engen Zusammenarbeit und avancierte zum bedeutendsten europäischen »hub« – Knoten – dieser Allianz. Die Lufthansa selbst ist ab diesem Jahr eine vollständig privatisierte Gesellschaft ohne Staatsbeteiligung, bleibt aber nationaler Carrier in – aus luftverkehrsrechtlichen Gründen – überwiegend deutschem Besitz

Auf die Allianz bei den Passagierflügen folgte die Luftfracht-Allianz WOW von »Star«-Partnern. Mit der Star Alliance stieg die Bedeutung Frankfurts als Drehscheibe des internationalen Luftverkehrs noch einmal signifikant an.

Thai International, United Airlines, Lufthansa, Air Canada und SAS bildeten das neue Quintett der Lüfte, das der Konkurrenz das Fürchten beibringen wollte.

Im Formationsflug über Rhein-Main – die himmlische Allianz zeigte Flagge.

Wenn Piloten simulieren

Die Lufthansa-Basis In Frankfurt verfügte schon seit etlichen Jahren über Simulatoren für verschiedene Flugzeugtypen, auf denen Ausbildung und Lizenzerneuerungen absolviert wurden. Auf dem Simulator-Sektor kooperieren mehrere europäische Airlines miteinander um zu vermeiden, dass jede Gesellschaft die millionenteuren Simulatoren für alle Flugzeugtypen ihrer Flotte allein anschaffen muss.

Auf dem Gelände der Lufthansa-Basis entstand im Zuge der Erweiterungen auch ein neues Trainingszentrum für das Simulator-Training.

Im Dezember 2002 wechselte die Lufthansa dann die Straßenseite und legte den Grundstein für ihr neues »Lufthansa Aviation Center« (LAC) am Airportring, gegenüber der Lufthansa-Basis.

Spart Kerosin und entlastet die Umwelt – Training im Simulator.

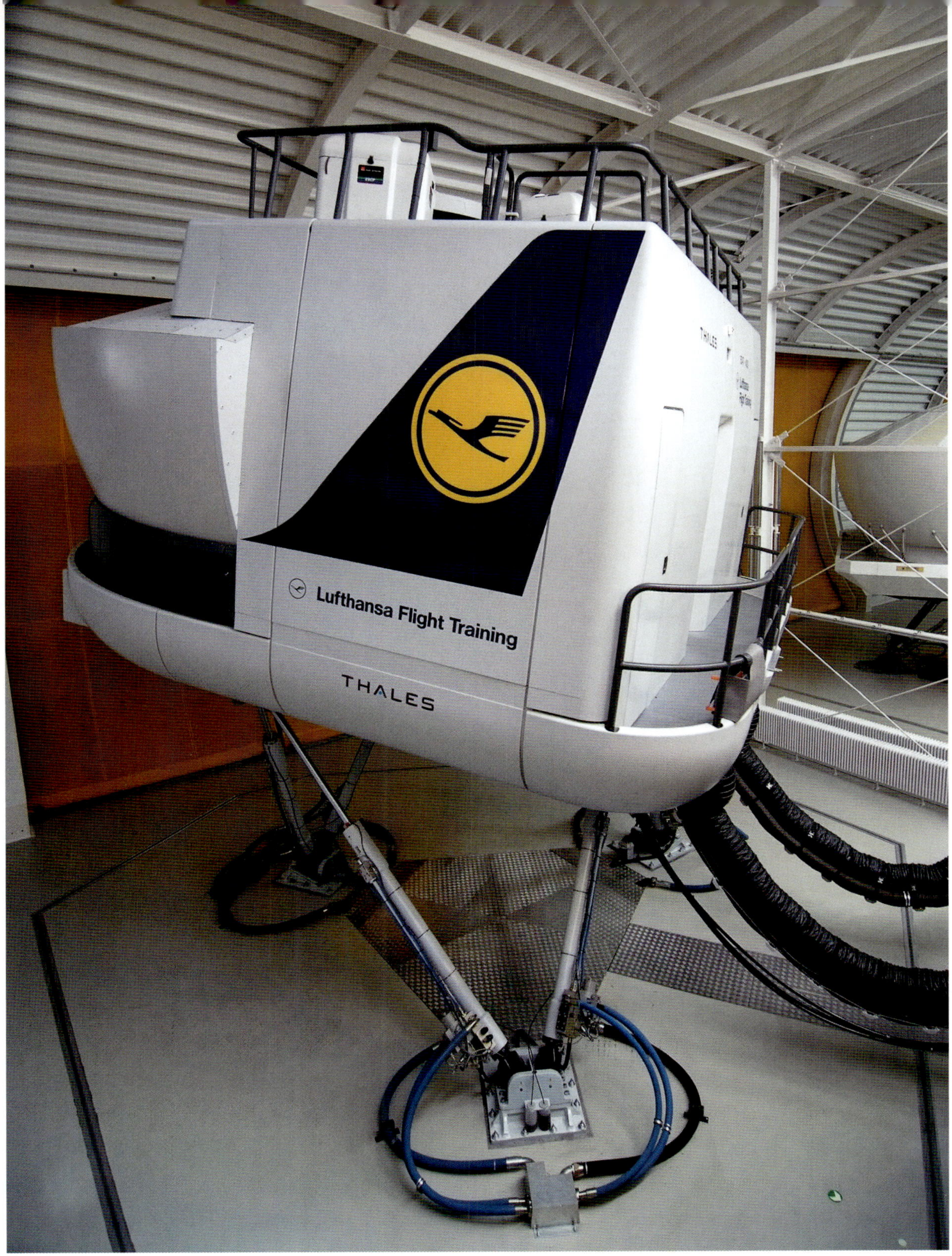
Lufthansa Flight Training
THALES

Für den Flughafen und Fraport ist die Lufthansa der wichtigste Kunde. Rund 50 % aller Flugbewegungen gehen auf das Konto des Großkunden. Die DLH ist heute mit ihren 9,96 % Kapitalanteil an Fraport nach dem Land Hessen und der Stadt Frankfurt drittgrößter Gesellschafter des Flughafens. Dem »Platzhirsch« sind der gesamte Flugsteig A mit den bereits durchgeführten Erweiterungen sowie dem geplanten Ausbau exklusiv zugeordnet, desgleichen große Teile des Flugsteiges B sowie der komplette neue C/D-Riegel. Die Arbeiten für die Erweiterung des Flugsteiges A um den neuen Flugsteig A 0 laufen. Sie sollen dem Kunden Nr. 1 Lufthansa die Abfertigung von weiteren 6 Millionen Passagieren jährlich ermöglichen und sind auch bereits für Airbus A380 und Boeing 747-8 gerüstet.

Für das Simulatortraining dient ein spezielles Gebäude auf der Lufthansa-Basis Frankfurt.

Das Lufthansa Aviation Center (oben u. unten) liegt direkt am Airportring gegenüber der Basis. Hier an der Autobahn laufen viele Fäden des internationalen Luftfahrt-Konzerns zusammen.

Lufthansa

Zukunftsmusik – der Generalausbauplan bis 2015

Grundlage für den vorgesehenen weiteren Ausbau des Frankfurter Flughafens ist der Generalausbauplan (GAP) 2000. Er ordnet das Airport-Areal und dient als Planungs- und Steuerungsinstrument, das die Leitlinien für die Entwicklung von FRA bis zum Jahr 2015 vorgibt Auf der Basis dieses Masterplans erfolgt die Realisierung der einzelnen Baumaßnahmen bis zur Inbetriebnahme 2011.

Das größte Flugzeug der Welt braucht eine Riesenwerft

15 Airbusse A380 hat die Lufthansa in Toulouse zur Lieferung bis 2015 bestellt, diese neue »Mammut«-Flotte soll in Frankfurt stationiert werden, die ersten aufnahmebereiten Gates sind schon fertig und stehen bereit. Für die tägliche Wartung und die Routinechecks dieser Flugzeug-

Eigens für ihre A380-Flotte hat die Lufthansa auf der Südseite des Geländes die gewaltige Wartungshalle für die Riesenvögel errichtet. Sie bietet Platz für vier der größten Flugzeuge der Welt.

giganten steht für die Lufthansa eine mittlerweile fertig gestellte Werft im Süden des Flughafenareals zur Verfügung. Bis zu 4 der Riesenvögel mit ihrem auf über 24 m Höhe ragenden Leitwerken oder 6 Jumbo-Jets 747 finden in dieser Wartungshalle Platz. Die A380 kann kommen, Fraport und die Lufthansa sind vorbereitet.
Der Einsatz des neuen europäischen Flaggschiffes im Linienflugbetrieb bei der Lufthansa ist für 2009 vorgesehen, das sind 2 Jahre Verzögerung gegenüber der ursprünglichen Planung.

Im Süden was Neues – das Terminal 3

Der aus allen Nähten platzende Frankfurter Airport braucht neue Vorfeld- und Dockkapazitäten obwohl er mit bis zu 218 Abstellpositionen (je nach Flugzeugtyp auch weniger), davon allein 63 direkte Gebäudepositionen, nicht gerade klein dimensioniert ist. Doch schon jetzt kann der Airport nicht mehr allen Wünschen von Fluggesellschaften nach Start- und Landezeiten entsprechen. Auf der Nordseite des Flughafens stehen dafür eigentlich kaum noch Erweiterungsflächen zur Verfügung. Eine letzte Kapazitätsaufstockung auf der Nordseite soll ein Flugsteig mit der Projektbezeichnung A 0 bringen, für den bereits die Schmetterlingshalle auf der Lufthansa-Basis weichen musste. Sie wurde im Sommer 2007 gesprengt um hier – noch – mehr Platz zu schaffen.
Dabei hatte schon der wenige Jahre zurückliegende Ausbau des Flugsteigs A um weitere 400 m nach Westen bereits erhebliche zusätzliche Kapazitäten für die Lufthansa geschaffen. Doch die zusätzlich erwartete Kapazität durch A 0 reicht auch schon nicht mehr aus. Hinzu kommt, dass die Wege das Maximum an vertretbaren Entfernungen auch unter Berücksichtigung von automatischen Laufbändern erreicht haben. Hier im Norden geht nach A 0 wohl nichts mehr. Doch im Süden, auf der geräumten Fläche der airbase sind noch ausreichend Reserven vorhanden. Hier soll nun das Terminal 3 mit 75 neuen Flugzeugpositionen plus der erforderlichen Rollwege entstehen.

Zum Vergleich – A380 und Boeing 747

	A380- 800	Boeing 747-400
Länge	73,0 m	70,7 m
Höhe	24,1 m	19,4 m
Spannweite	79,8 m	64,4 m
Max. Startgew.	560 t	397 t
Reichweite	14.800 km	13.450 km
Passagiere (3-Klassen-Version)	555	390

Das Terminal ist für eine jährliche Kapazität von 25 Millionen Fluggästen vorgesehen. Den Zuschlag für die Ausführung enthielt der Frankfurter Architekt Christoph Mäckler, dessen Vater schon das Terminal 1 mit entworfen und ausgeführt hatte. Mit der Kapazität der jetzt vorhandenen Anlagen von maximal 56 Millionen Passagieren steigt damit dann die Gesamtkapazität am Airport auf über 80 Millionen Fluggäste, eine Zahl, die bei der Planung für 2015 den Richtwert darstellte. Für die Verbindung von Terminal 1 und 2 mit dem neuen Terminal 3 wird ein unmittelbar an der A 3 entlangführendes Personen-Transport-System, vergleichbar der Skyline, eingerichtet. Doch schon wieder ist nicht auszuschließen, dass die Zuwächse im Weltluftverkehr alle Planungen überholen. Denn bis 2015 sind es nur noch wenige Jahre.

So sieht nach den Vorstellungen der Planer das neue Terminal 3 im Süden des Flughafens aus – eine Stahlkonstruktion in der gängigen »Gewächshaus«-Architektur mit viel Transparenz sprich Glas.

Das Ende der Schmetterlingshalle

Um Platz für die Erweiterung des Flugsteigs A zu schaffen, musste die Schmetterlingshalle weichen. Man entschied sich für eine Sprengung, das spektakuläre Ereignis zog viele Schaulustige an. Die große Halle, einst als größte Flugzeughalle Europas gefeiert, fiel wie ein Kartenhaus in kurzer Zeit zusammen. Freie Bahn für den geplanten neuen Flugsteig A 0.

Sieben Milliarden Euro für den Ausbau

Der Planfeststellungsbeschluss für das Terminal 3 und die neue Landebahn Nordwest vom Dezember 2007 hat die Voraussetzungen für Baubeginn und Realisierung der beabsichtigten Ausbaumaßnahmen mit einem gesamten Investitionsvolumen von 7 Milliarden Euro im Norden und Süden des Flughafens geschaffen. Wenn die neue Landebahn 2011 den Betrieb aufnimmt, sollte auch das Terminal 3 stehen.

Im Zusammenhang mit der Erweiterung rechnen die Planer mit bis zu 25.000 neuen Arbeitsplätzen am Frankfurter Airport. Mit dieser Zahl nähert man sich dann der 100.000er Marke, die als Folge der Erweiterungen am Flughafen zusätzlich insgesamt für die Region erwartet werden. Der Flughafen würde damit seinem Ruf als Job-Motor mehr als gerecht werden, wie die Rückseite der Medaille aussieht ist gegenwärtig allerdings noch weniger klar. Hier in Frankfurt beginnt in Kürze eines der größten privat finanzierten Bauvorhaben in Europa.

Links von der Autobahn die geplante neue Landebahn Nordwest mit ihren beiden Rollbrücken. Hier kann man schon die beachtliche Länge der Rollwege erkennen (Abstand von der Nordbahn 1.400m).

Das Nachtflugverbot

Als Trostpflaster für strapazierte Anlieger offeriert die Fragport AG ein striktes Nachtflugverbot ab Inbetriebnahme der neuen Landebahn von abends 23.00–5.00 Uhr morgens.

Hier kann Hahn mit seiner 24-Stunden-Betriebsgenehmigung als Ausweichflughafen Kapazität anbieten. Doch was die geplante Zahl von Starts- und Landungen in der Stunde wirklich bedeutet, wird sich erst in Zukunft ab 2011 erweisen.

Wenn man alle Aspekte einschließlich der ökologischen in Betracht zieht stellt sich die Frage, ob das überbordende Wachstum im Luftverkehr wirklich noch im Interesse der Menschen liegt. Doch es bleibt ein Trost – die Bäume wachsen bekanntlich nicht in den Himmel.

Ruhe sanft. Wird es nach 2011 auf dem Frankfurter Flughafen nachts so aussehen? Himmlische Ruhe nach dem lärmenden Alltag mit seinen 30-Sekunden-Intervallen? Man darf gespannt sein.

Eine neue Landebahn in Sicht!

Bis zu 120 Flugbewegungen pro Stunde und 660.000 Flugbewegungen jährlich sind die Ziele, die der Airport mit den Maßnahmen bis 2015 ansteuert. Das bedeutet alle 30 Sekunden ein Start oder eine Landung.

In den Verkehrsknoten morgens, mittags und abends dürften diese Zahlen ohne Schwierigkeiten erreicht werden. Als eine Folge des Ausbaus ist zu erwarten, dass Frankfurt Rhein Main seinen Platz in der weltweiten Rangliste der Flughäfen noch einmal deutlich verbessern kann. Die neue Landebahn mit ihren 2.800 m Länge mit den sonstigen Einrichtungen des Flughafens zu verknüpfen ist eine weitere Herausforderung. Die Flugzeuge, die dort ankommen, haben erhebliche Rollwege zu bewältigen. Ihre Abfertigungsgebäude liegen südlich hinter Autobahn A 5 und Eisenbahngleisen.

Hier sind zwei Rollbrücken vorgesehen. Das aber bedeutet Steigungen und Gefälle, die nivelliert werden müssen, denn Flugzeuge sind für das Auf und Ab auf ebener Erde nicht gebaut. Der Kerosinverbrauch auf so langen Rollstrecken dazu noch mit Steigung dürfte beachtlich sein. Hinzu kommt, dass der Geräuschpegel beim Bewältigen der Steigung auch nicht unbedingt moderat ausfallen

Zukunftsmusik – eine Boeing 747 mit rund 400 Fluggästen nähert sich der neuen Landebahn Nordwest. Nach langem Flug folgt dann noch eine lange, lange Rollstrecke.

muss. Vielleicht werden hier erste Konturen der Kehrseite der Medaille sichtbar. Doch gehen wir davon aus, dass die Planer all diese Faktoren natürlich und ganz sicher in ihr Kalkül einbezogen haben.

Die auf Landebahn Nordwest einfliegenden Maschinen haben aber keine Wahl – sie müssen über die Autobahn und ICE, denn nur auf der anderen Seite können sie auch wieder abfliegen. Alle drei Startbahnen liegen nun einmal südlich.

Noch brandet der Verkehr überwiegend auf dem Terminal 1 an, das dann wohl die Hauptlast der Abfertigung der landenden Passagiere und Maschinen von Nordwest übernehmen muss. Dafür nimmt dann Terminal 3 wiederum einen Teil des Verkehrs von Terminal 1ab.

Wird dann ab 2011 zum Beispiel Singapore Airlines mit bis zu 800 Menschen an Bord einer A380 die neue Landebahn Nordwest ansteuern? Denkbar und wohl auch realistisch.

Fraport kauft ein Chemiewerk – 670 Millionen Euro für Celanese-Ticona

Schon früh hatte das Regierungspräsidium in Darmstadt, die für den Flughafen zuständige Genehmigungsbehörde, auf einen Umstand hingewiesen, der für den weiteren Ausbau des Flughafens von Bedeutung werden könnte – das Chemiewerk der Ticona im nahen Kelsterbach. Es müsse im luftverkehrsrechtlichen Planfeststellungsverfahren eine Risikoabschätzung vorgenommen werden, da das Werk Kelsterbach mit seinen ca. 1000 Mitarbeitern recht nah am Flughafen liegt. Nach Ansicht der Ticona ist die neue Landebahn mit dem Standort des Werkes aus Sicherheitsgründen nicht vereinbar. Dies hat auch die Störfallkommission der Bundesregierung bestätigt. Dieses gewichtige Argument griffen Gegner des Flughafenausbaus natürlich und begründet auf. Schon zeichnete sich wieder ein denkbarer Konflikt zwischen Befürwortern und Gegnern am Horizont ab.

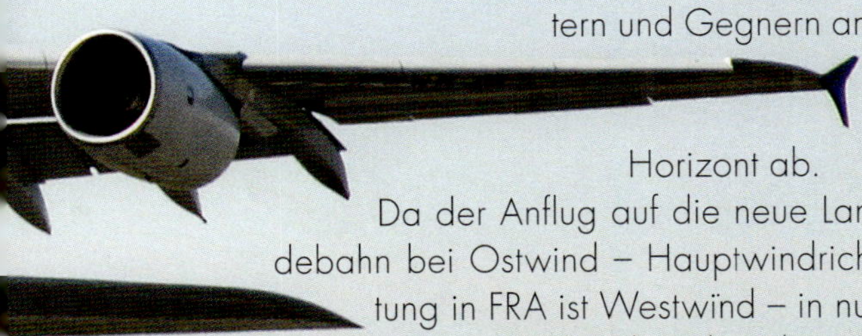

Da der Anflug auf die neue Landebahn bei Ostwind – Hauptwindrichtung in FRA ist Westwind – in nur geringer Höhe über die Chemieanlage erfolgen würde, war sogar schon von Enteignung des Kunststoff-Herstellers die Rede. Doch dazu sollte es nicht kommen.

Um etwaigen Ausbaugegnern jede Art von Wind aus den Segeln zu nehmen einigten sich Ticona und Fraport den Standort Kelsterbach aufzugeben und – mit 670 Millionen Euro der Fraport AG – an anderer Stelle ein neues Werk zu errichten. Mit der Inbetriebnahme der Landebahn Nordwest 2011 soll der Umzug abgeschlossen sein. Am 27. Juli 2007 gab Ticona bekannt, dass der Aufsichtsrat der Celanese Corporation am vorherigen Tage die Umsiedlung des Werks in den Industriepark Höchst in Frankfurt am Main beschlossen hat. Fazit: Wenn genügend Mittel zur Verfügung stehen wird auch Unmögliches sofort erledigt, Geld regiert die Welt. Allerdings musste die Fraport AG für dieses Entgegenkommen der Chemiker ziemlich tief in die Tasche greifen, aber so schnell wird ja der Kauf ganzer Werksanlagen doch nicht wieder nötig sein, oder? Was Fraport mit der für fette Entschädigung erworbenen Fläche anfangen will ist noch offen. Finden da an irgendeinem grünen Tisch vielleicht schon wieder neue weitgreifende Planspiele statt? Doch keine Spekulationen, allerdings: Das Rhein-Main-Gebiet mit seiner enorm dichten Besiedlung auch in industrieller Hinsicht kann in Flughafennähe sonst kaum noch große Flächen ausweisen, die frei von Risiken sind. Was aber folgert daraus? Man wird es sehen.

Vision oder Alptraum – ein Ausblick in das Jahr 2020

Das Regierungspräsidium wollte sich durchaus angemessen im Rahmen des Genehmigungsverfahrens nicht mit einer Prognose bis zum Jahr 2015 zufrieden geben. Es verlangte vom Antragsteller Fraport eine Ausweitung des Prognosehorizontes bis 2020, was aus heutiger Sicht auch nicht gerade in allzu ferner Zukunft liegt. Das Forschungsinstitut intraplan aktualisierte die Hochrechnung und kam zu folgenden Feststellungen:

- **Bei einem jährlichen Wachstum im Passagierverkehr von 3,5 % muss der Frankfurter Flughafen mit 88 Millionen Fluggästen in 2020 rechnen.** *Anmerkung: Der derzeitige Ausbauplan bis 2015 sieht aber nur eine maximale Flughafen-Kapazität von 81 (56 + 25) Millionen Passagieren vor, was bedeutet – wenn man denn keine Vogel-Strauß-Mentalität aufkommen lassen will – dass ein weiterer Ausbau ganz klar und unvermeidlich kommen muss. Da ein jährliches Wachstum von 3,5 % nach heutigem Stand eine äußerst konservative Schätzung darstellt, kann auch noch Ärgeres geschehen. Die DFS spricht davon, dass Experten von einer Verdoppelung des Luftverkehrs in den nächsten zehn Jahren ausgehen. Danach kämen wir für das Jahr 2018 auf etwa 108 Mill. Fluggäste in FRA. Dem aber wäre der Flughafen dann wieder nicht gewachsen. Fünf vor zwölf oder höchste Eisenbahn sozusagen über intelligente Alternativen nachzudenken.*
- **Das Frachtvolumen wird nach der Prognose bis 2020 auf 3,6 Mill. t steigen.** *Anmerkung: Also auch hier drohen erhebliche Engpässe*
- **An jährlichen Flugbewegungen ist mit der Zahl von 700.000 zu rechnen.** *Anmerkung: die Ausbaukapazität bis 2015 sieht aber nur 660.000 Flugbewegungen vor. Wie schon gesagt – fünf vor zwölf ...*
- **Auch in Zukunft wird Frankfurt einen Umsteigeranteil von über 50 % zu bewältigen haben** *(heute 53 %). Anmerkung: Um die Umsteigezeiten weiterhin unter 45 Minuten zu halten wird man sich bei den kräftig steigenden Fluggastzahlen ebenfalls einiges einfallen lassen müssen*

Fazit: Es sind noch erheblich mehr Bagger und Radlader zu erwarten, denn Frankfurt bleibt in jedem denkbaren Szenario eine der wichtigsten Drehscheiben im internationalen weltweiten Luftverkehr. Alles andere scheint Augenwischerei. Wie weit die Bevölkerung der Region einen unaufhörlich wachsenden Flächenbedarf des anscheinend unersättlichen Flughafens tolerieren wird, sei dahingestellt. Die Befürworter, für die mehr Flugzeuge mit mehr Passagieren und mehr Fracht ja auch mehr Geschäft und damit mehr Gewinn bedeuten – *»Ich schwöre, dass ich meine Kraft dem Wohle des deutschen Volkes widmen, seinen Nutzen mehren, Schaden von ihm wenden...«* usw., usw. – Art. 56 GG Ministereid – werden immer schon aus rein wirtschaftlichen Gründen Pro-Argumente finden. Ob aber beim geradezu exponentiellen Wachstum des Frankfurter Flughafens dann nicht doch irgendwann der mühsam erzielte Konsens in die Luft geht steht in den Sternen. Will man die Belastungsfähigkeit einer Region testen? Ein Wachstum ohne Grenzen ähnelt mehr einem Alptraum als einer Perspektive und kann ernsthaft nicht der Weisheit letzter Schluss sein. Es gilt, über den Tellerrand hinauszuschauen – auch wenn in Frankfurt nicht von Kirchturmshorizont gesprochen werden kann, da seien die Hochhäuser davor.

Chronik des Frankfurter Flughafens	
1924:	Gründung der »Südwestdeutschen Luftverkehrs AG«
1936:	Der Umzug vom Rebstock ist abgeschlossen, der neue Flughafen »Rhein-Main« nimmt den Flugbetrieb auf.
1939	Einsatzflughafen der Luftwaffe.
1945/46:	Beginn des Ausbaus zur US-Air Base.
1947:	Gründung der »Verkehrsaktiengesellschaft Rhein-Main« (V.A.G.).
1948/49:	Berliner Luftbrücke
1949:	Paralleles Start- und Landebahnensystem fertiggestellt.
1954:	Kapitalerhöhung und Umbenennung in »Flughafen Aktiengesellschaft Frankfurt/Main«.
1958	Namensänderung in »Flughafen Frankfurt/Main AG« (FAG).
1972:	Terminal 1 (Mitte) und Tiefbahnhof eröffnet.
1984:	Inbetriebnahme der heftig umstrittenen Startbahn 18 West.
1993:	Vereinbarung mit der US-Air Force über Teilrückgabe Air Base.
1994:	Terminal 2 und Hochbahn Sky Line eröffnet.
1997:	Inbetriebnahme der FAG-Frachtabfertigungsanlagen in der CargoCity Süd. Inbetriebnahme Flugsteig D/E. Sky Line verlängert nach Westen.
1998:	Beginn Mediationsverfahren Erweiterung.
1999:	ICE-Fernbahnhof betriebsbereit. Frankfurt-Hahn im Hunsrück nimmt Flugbetrieb auf.
2000:	Verlängerung Flugsteig A um 400 m nach Westen. Umbenennung in Fraport AG. Ende Mediationsverfahren.
2001:	Fraport AG geht an die Börse. Einreichung der Unterlagen für das Raumordnungsverfahren bei der Genehmigungsbehörde.
2002:	Anschluss an ICE-Neubaustrecke nach Köln. Baubeginn Lufthansa Aviation Center (LCC).
2003:	Einreichung der Unterlagen für das Planfeststellungsverfahren.
2004:	Planfeststellungsbeschluss für A380-Werft im Süden.
2005:	Erste Abfertigungs-Tests A380 an einem Linienflughafen. US-Luftwaffe räumt Air Base komplett.
2006:	Erstmals die Marke von über zwei Millionen Tonnen Fracht innerhalb eines Kalenderjahres überschritten.
2007:	Baubeginn Air Rail Center über ICE-Fernbahnhof. Sprengung Schmetterlingshalle. Planfeststellungsbeschluss für Ausbauprojekte Landebahn Nord-West und Terminal 3.
2008:	Am 8. Januar: Zustellung des Planfeststellungsbeschlusses an alle Beteiligten. Fertiggestellung A380-Werft.
2009:	Die ersten Mieter beziehen das AirRail-Center. Lufthansa nimmt Flugbetrieb mit den ersten neu in Dienst gestellten Airbus A380-Typen auf.
2010:	Fertigstellung AirRail-Center.
2011:	Landebahn Nordwest und Terminal 3 nehmen Betrieb auf.

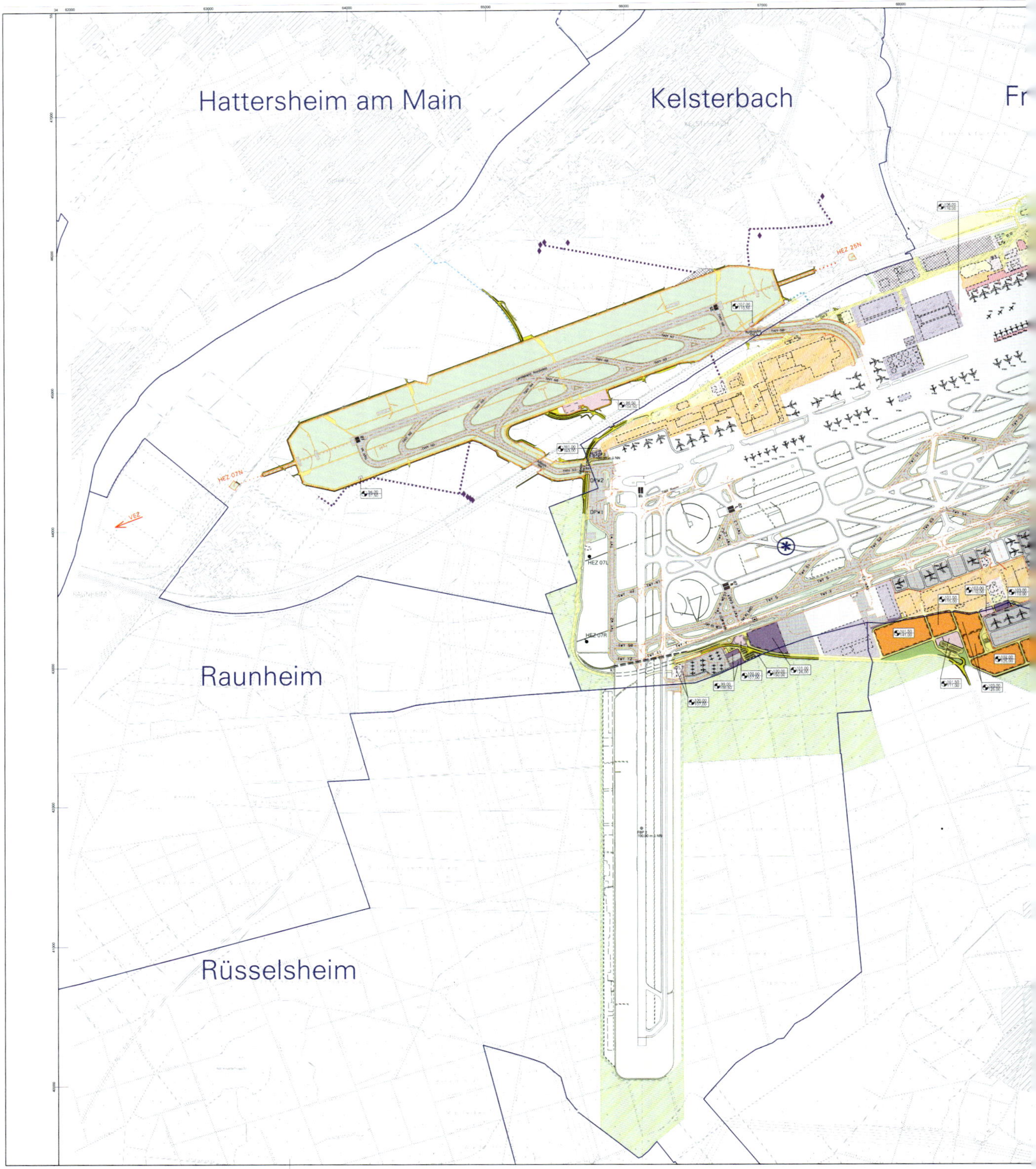
Hattersheim am Main
Kelsterbach
Fr
Raunheim
Rüsselsheim

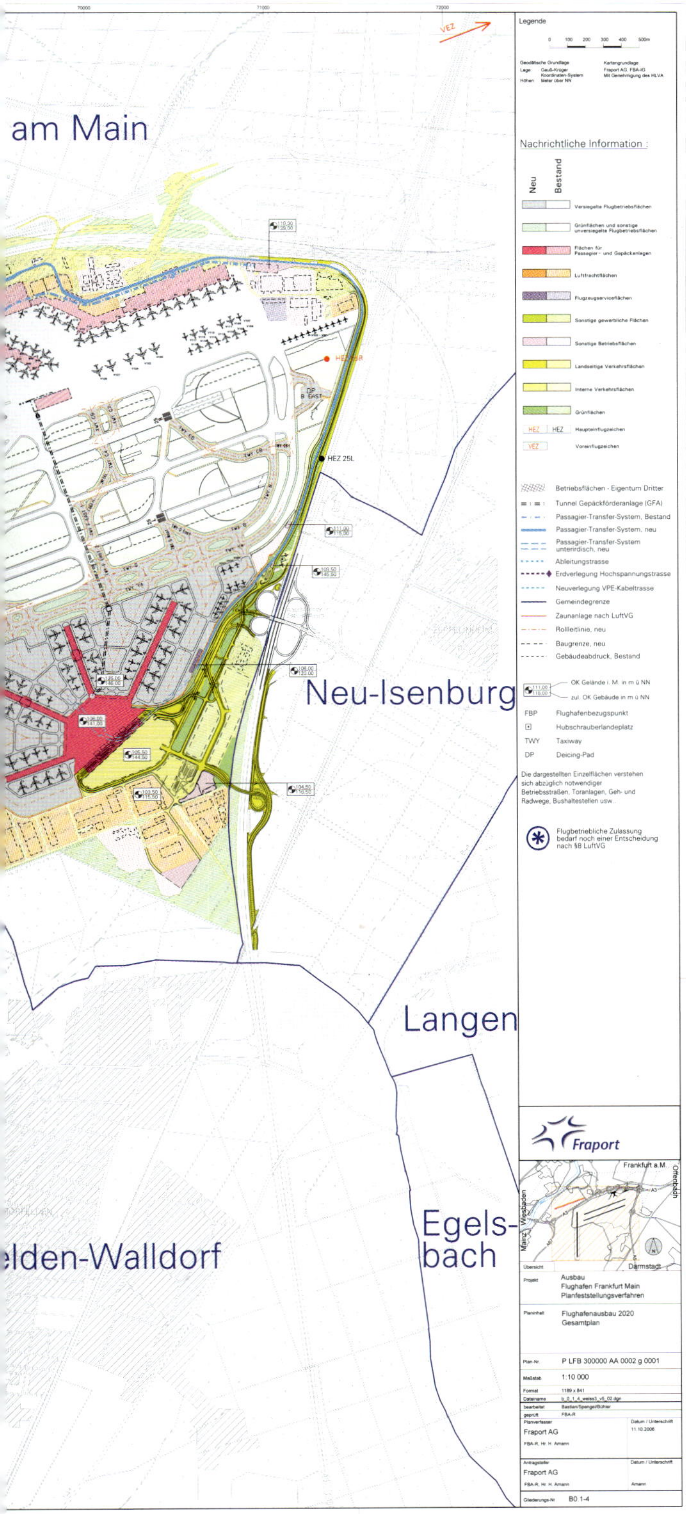
am Main
Neu-Isenburg
Langen
Egels-
bach
elden-Walldorf
VEZ
HEZ 25L
Legende
0 100 200 300 400 500m
Geodätische Grundlage
Lage: Gauß-Krüger Koordinaten-System
Höhen: Meter über NN
Kartengrundlage
Fraport AG, FBA-IG
Mit Genehmigung des HLVA
Nachrichtliche Information :
Neu
Bestand
Versiegelte Flugbetriebsflächen
Grünflächen und sonstige unversiegelte Flugbetriebsflächen
Flächen für Passagier- und Gepäckanlagen
Luftfrachtflächen
Flugzeugserviceflächen
Sonstige gewerbliche Flächen
Sonstige Betriebsflächen
Landseitige Verkehrsflächen
Interne Verkehrsflächen
Grünflächen
HEZ HEZ Haupteinflugzeichen
VEZ Voreinflugzeichen
Betriebsflächen - Eigentum Dritter
Tunnel Gepäckförderanlage (GFA)
Passagier-Transfer-System, Bestand
Passagier-Transfer-System, neu
Passagier-Transfer-System unterirdisch, neu
Ableitungstrasse
Erdverlegung Hochspannungstrasse
Neuverlegung VPE-Kabeltrasse
Gemeindegrenze
Zaunanlage nach LuftVG
Rollleitlinie, neu
Baugrenze, neu
Gebäudeabdruck, Bestand
OK Gelände i. M. in m ü NN
zul. OK Gebäude in m ü NN
FBP Flughafenbezugspunkt
Hubschrauberlandeplatz
TWY Taxiway
DP Deicing-Pad
Die dargestellten Einzelflächen verstehen sich abzüglich notwendiger Betriebsstraßen, Toranlagen, Geh- und Radwege, Bushaltestellen usw.
Flugbetriebliche Zulassung bedarf noch einer Entscheidung nach §8 LuftVG
Fraport
Frankfurt a.M.
Offenbach
Mainz Wiesbaden
Darmstadt
A3
Übersicht
Projekt Ausbau Flughafen Frankfurt Main Planfeststellungsverfahren
Planinhalt Flughafenausbau 2020 Gesamtplan
Plan-Nr. P LFB 300000 AA 0002 g 0001
Maßstab 1:10 000
Format 1189 x 841
Dateiname b_0_1_4_weiss3_v5_02.dgn
bearbeitet Bastian/Spengel/Bühler
geprüft FBA-R
Planverfasser Fraport AG FBA-R, Hr. H. Amann
Datum / Unterschrift 11.10.2006
Antragsteller Fraport AG FBA-R, Hr. H. Amann
Datum / Unterschrift Amann
Gliederungs-Nr. B0.1-4

Quellen/Literatur

Geschäftsbericht Fraport 2006, 2007
»80 Jahre Flughafen-Gesellschaft in Frankfurt«, Fraport 2004
Blunck, »Hugo Junkers«, Berlin 1940
Bölkow, »Ein Jahrhundert Flugzeuge«, Düsseldorf 1990
Winter, Günther, »Frankfurt Flughafen«, B3/Fraport, Frankfurt
Braunburg »Geschichte der Lufthansa«, Hamburg 1991
Zeit im Fluge, Deutsche Lufthansa, Köln 1990, 2002, 2005
Lufthansa Geschäftsbericht 2004, 2005, 2006, 2007
Archigrad 5, Planen und Bauen am 50. Breitengrad, Frankfurt 1994/95
Trunz, »Pionierleistungen der deutschen Luftfahrtindustrie«, Stuttgart 2006;
»Die Geschichte der Lufthansa«, München 2008

Service